MEDICAL TRAINING FÜR HUNDE

KÖRPERPFLEGE UND TIERARZTBESUCHE VERTRAUENSVOLL MEISTERN

(Foto: Archiv Animal Training Center/salonloewe.org)

Anna Oblasser-Mirtl
und Barbara Glatz

MEDICAL TRAINING FÜR HUNDE

KÖRPERPFLEGE UND TIERARZTBESUCHE
VERTRAUENSVOLL MEISTERN

green PRINT

CADMOS

Liebe Leserin,

wir freuen uns, dass wir dir mit unserem Buch neue Inspiration liefern dürfen und hoffen, es wird dir gefallen. Weitere Leseabenteuer mit verbriefter Fachinformation findest du auf www.cadmos.at

Wenn du mit uns in Verbindung treten oder deine Erfahrungen teilen möchtest, dann tue das bitte unter:

https://www.facebook.com/cadmosverlag

https://www.instagram.com/cadmosverlag

oder per Mail an info@cadmos.at

Wir freuen uns schon jetzt über dein Feedback!

Neuauflage 2025

ISBN: 978-3-99183-062-7

Viel Freude mit diesem Buch wünscht dir das CADMOS-Team:

Autoren: Anna Oblasser-Mirtl und Barbara Glatz

Covergestaltung, grafisches Konzept: www.ravenstein2.de

Satz: Pinkhouse Design

Lektorat: Maren Müller

Korrektorat: Gertrud Döffinger

Fotos am Cover: Archiv Animal Training Center

Fotos und Grafiken im Innenteil: Archiv Animal Training Center

Wir übernehmen Verantwortung:

Dieses Buch wurde anhand ausgewählter Qualitätskriterien ressourcenschonend und schadstofffrei in Cadmos Qualität für dich hergestellt. Das verwendete Papier für Kern und Cover ist FSC©-zertifiziert, der Druck erfolgte CO_2-neutral. Der Inhalt ist auf Magno matt 135 g/m² mit 1,01 Volumen für dich gedruckt, ein matt gestrichenes Bilderdruckpapier, das die Farben leuchten lässt und dem Inhalt einen hochwertigen Charakter verleiht. Das Cover wurde auf Peyvida puro 270 g/m² gedruckt, einem Naturkarton mit ansprechender Optik und Haptik. Auf Laminierung und Einschweißen in Plastikfolie verzichten wir – für unsere Umwelt und unsere Zukunft. Gedruckt und gebunden wurde dieses Buch in der EU (wir wollen lange Transportwege vermeiden), bei unserem langjährigen, bewährten Druckpartner GRASPO (www.graspo.com).

FSC www.fsc.org
MIX
Papier | Fördert gute Waldnutzung
Paper | Supporting responsible forestry
FSC® C010798

Product footprint
CO_2 Neutral
PBN-CFMC-059235
www.preferredbynature.org

Uns ist wichtig: Gender-Erklärung: Alle Geschlechter sollen sich gleichermaßen wahrgenommen und wertgeschätzt fühlen. Im Sinne eines flüssigen Lesevergnügens verzichten wir jedoch auf die Verwendung von geschlechterspezifischen Sprachformen (m/w/d). Sämtliche Personenbezeichnungen gelten gleichermaßen für alle Geschlechter!

Haftungsausschluss: Wir haben den Inhalt dieses Buches nach bestem Wissen geprüft. Für die Richtigkeit der Angaben und eventuelle Schäden, die aufgrund von Beschlüssen und Handlungen, die anhand der gegebenen Informationen getroffen wurden, wird trotz sorgfältiger Recherche keine Haftung übernommen. Im Zweifelsfall ziehe bitte geschulte Fachleute zu Rate.

INHALT

VORWORT VON KEN RAMIREZ

Ich habe schon immer an die Wichtigkeit von Medical Training geglaubt. Daher trete ich seit Jahren dafür ein, dass Training, das zu einer besseren medizinischen Betreuung führt, ein Schwerpunkt im Tiertraining sein sollte. Menschen trainieren ihre Tiere aus den unterschiedlichsten Gründen wie Erziehung, Erhaltung, Forschung, Unterhaltung, Sport, Arbeit und viele andere. Sie alle halte ich jedoch für zweitrangig. Ich bin der Überzeugung, dass es drei Hauptgründe für Training gibt, von denen jeder direkt zu einem gesteigerten Wohlbefinden des jeweiligen Tieres beiträgt:

Ken Ramirez ist einer der weltweit renommiertesten Tiertrainer. (Foto: Archiv Animal Training Center)

1. Körperliche Auslastung: Wenn ein Tier in unserer Obhut ist, wird es mit allen Ressourcen versorgt. Das Tier kann es sich leicht bequem machen und erhält dann nicht die nötige Bewegung. Ein gutes Trainingsprogramm stellt sicher, dass ein Tier die Bewegung bekommt, die für seine Gesunderhaltung erforderlich ist.

2. Geistige Auslastung: Egal, ob man mit domestizierten oder exotischen Tieren arbeitet, alle brauchen regelmäßige geistige Stimulierung. Das Gehirn wild lebender Tiere ist ständig gefordert, sie müssen sich um die Beschaffung ihrer nächsten Mahlzeit kümmern, sich vor Feinden schützen, einen Partner suchen, ein Nest oder eine Höhle bauen. Wenn das Tier in einem Zoo aufwächst, haben wir über Training die Möglichkeit, sein Leben spannender zu gestalten und es zum Denken anzuregen. Auch Haustieren kann es langweilig werden, wenn sie zu wenig geistige Auslastung bekommen. Über Training können wir unsere Begleiter mental fordern.

3. Kooperationsverhalten: Der wahrscheinlich wichtigste Grund, um mit Tieren zu trainieren, ist, ihnen beizubringen, bei der eigenen Pflege mit dem Menschen zu kooperieren. Das kann viele Verhaltensweisen beinhalten (wie An-lockerer-Leine-Gehen, In-die-Box-Gehen, Auf-die-Waage-Steigen, Krallenschneiden zulassen und vieles mehr). Einem Tier Kooperationsverhalten beizubringen, fördert dessen Vertrauen und reduziert gleichzeitig Stress bei medizinischer Versorgung.

Mit großer Freude erfüllte mich daher, dass Anna Oblasser-Mirtl und Barbara Glatz sich in ihrem neuen Buch dem Medical Training für Hunde widmen. In der Welt des Zootiertrainings hat man schon vor Jahrzehnten den Nutzen des Medical Trainings erkannt, aber dieses Wissen hat sich noch nicht ganz bis in die Welt des Haustiertrainings durchgesetzt. Dieses Buch soll die Lücke füllen und Hundehaltern vermitteln, wie wichtig Medical Training ist und wie man es möglichst einfach und erfolgreich umsetzen kann. Wir Menschen sind für unsere vierbeinigen Freunde verantwortlich. Jeder Versuch, deren Lebensqualität zu verbessern, kann daher nur uneingeschränkte Zustimmung finden. Ich bin sicher, dass dieses Buch zum gesteigerten Wohlbefinden von Hunden beitragen wird.

Ken Ramirez *ist stellvertretender Vorsitzender und Ausbildungsleiter bei „Karen Pryor Clicker Training", wo er für die Philosophie, Entwicklung und Umsetzung der Aus- und Fortbildungen der Organisation verantwortlich ist. Davor war Ken als stellvertretender Vorsitzender für Tierpflege und -training im Chicago Shedd Aquarium tätig, wo er für die Weiterentwicklung und Beaufsichtigung der Tierpflege und der Programme für Tiergesundheit, für Mitarbeiterschulungen sowie für die öffentliche Vorführung von über 32 000 Tieren zuständig war. Im Shedd Aquarium arbeitete Ken mehr als 25 Jahre; bis heute steht er dort als Berater zur Verfügung. Der Biologe und Verhaltensforscher hat mehr als 35 Jahre Erfahrung und war bereits für viele Zoos weltweit als Berater und Betreuer von Trainingsprojekten tätig. Seine Trainerkarriere begann mit dem Training von Blindenhunden und Haustiertraining, das bis heute eine seiner Leidenschaften geblieben ist. In zwei erfolgreichen Staffeln der TV-Serie* Talk to the Animals *verglich er das Training von Haustieren mit der wichtigen Trainingsarbeit, die in Zoos durchgeführt wird. Jüngst arbeitete Ken mit unterschiedlichsten Such- und Rettungshundestaffeln, Assistenzhunden und Spreng-stoff- und Drogenspürhunden. Er engagiert sich in verschiedenen professionellen Organisationen wie der „International Marine Animal Trainer's Association" (IMATA), wo er auch Vorsitzender war, und hat aktiv an einem Zertifizierungsverfahren für Tiertrainer in Zoos mitgearbeitet. Er hat etliche wissenschaftliche Publikationen veröffentlicht und zahllose beliebte Artikel verfasst. 1999 erschien sein Buch* ANIMAL TRAINING: Successful Management through Positive Reinforcement. *Aktuell unterrichtet er unter anderem einen Universitätslehrgang an der Universität von Western Illinois.*

(Foto: Archiv Animal Training Center/salonloewe.org)

TIERTRAINING IM 21. JAHRHUNDERT

Im modernen Training versteht man es, Hunden Unglaubliches beizubringen. Verschiedenste Hundesportarten füllen mittlerweile zahllose Kurse. Immer mehr dieser Sportarten beschäftigen sich bereits mit für Körper und Psyche wertvollen Themen wie Gymnastik und Bindungsarbeit.

Relativ neu hält das sogenannte Medical Training Einzug in die Hundeszene. Medical Training beinhaltet jene Verhaltensweisen, die bei der medizinischen Versorgung und der allgemeinen Pflege von Tieren hilfreich sind. In zoologischen Anlagen ist es vor allem in den USA seit Langem üblich, Tiere so zu trainieren, dass sie bei diesen Dingen freiwillig kooperieren. Dadurch kann bei vielen medizinischen Eingriffen auf eine Sedierung oder Narkose verzichtet werden. So lassen sich nicht nur deren Nebenwirkungen und Risiken vermeiden, sondern das gezielte Training bietet dem jeweiligen Tier darüber hinaus eine tolle geistige Beschäftigung.

In Zoos, wo viele Tiere eher zurückhaltend sind und sich nicht einfach so aus aller Nähe betrachten oder gar anfassen lassen, ist Medical Training offensichtlich enorm hilfreich und mittlerweile nicht mehr wegzudenken.

Das Ziel dieses Trainings ist ein entspanntes Miteinander, auch in oft stressigen Situationen. Es liegt nahe, dass davon längst nicht nur Zootiere, sondern auch Hunde und alle anderen Tiere profitieren. Mittels positiver Bestärkung wird dem jeweiligen Tier „erklärt", was gleich passieren wird und dass es für seine Kooperation eine reichliche Belohnung erwartet. Unter Berücksichtigung der wichtigen Säulen des Medical Trainings, die im Folgenden vorgestellt werden, kann also jeder Hund in strukturierten, kurzen Einheiten lernen, dass er vor dem Bürsten keine Angst haben muss, die Pfote zum Krallenschneiden freiwillig nach vorn streckt und auch bei Spritzen und Blutabnahmen stillhält. Das Geheimnis ist, aus ehemaligen Horrorszenarien bei der Pflege oder beim Tierarzt lustige Übungen zu machen, bei denen der Hund sich etwas ganz Besonderes verdienen kann.

Meine ersten Erfahrungen mit dem Medical Training

von Anna Oblasser-Mirtl

Durch das Training ist eine einzigartige Freundschaft zwischen Anna und Malay entstanden. (Foto: Archiv Animal Training Center/Anna Oblasser-Mirtl)

Während meines Studiums am Moorpark College in Kalifornien habe ich den Auftrag erhalten, den Siamang-Affen Malay zu trainieren. In den USA ist es Pflicht, Primaten jährlich auf Tuberkulose zu testen. Normalerweise wird das Tier dafür mit einem Pfeil aus dem Blasrohr narkotisiert. Im ersten Schreck flüchten die meisten Tiere möglichst weit hinauf. Wenn die Narkose dann wirkt, können sie sich nicht mehr halten und fallen häufig unsanft auf den Boden, wobei es zu Verletzungen kommen kann. Danach wird eine kleine Menge des Testmittels ins Augenlid injiziert, damit die Reaktion nach 48 Stunden ohne weitere Narkose, jedoch durch eine optische Kontrolle überprüft werden kann. Dieser gesamte Prozess birgt unnötige Gefahren und versetzt das Tier in Angst und Stress.

Dabei lässt sich das alles so einfach vermeiden. Da Malay auf vorhergehende Narkosen allergische Reaktionen zeigte, war es meine Aufgabe, ihr beizubringen, sich diese für sie unangenehme Prozedur ohne Narkose gefallen zu lassen. Innerhalb einer relativ kurzen, jedoch von Vertrauen geprägten Zeit lernte sie, für besonders gute Leckerbissen ihren Arm aus dem Gehege zu strecken, sich an einer bestimmten Stelle am Arm rasieren und das Mittel injizieren zu lassen. Zwei Tage später konnte der Tierarzt das Ergebnis des Tests durch erneutes Zeigen der Einstichstelle wunderbar einfach kontrollieren. Malay hat sich dabei sehr wohlgefühlt und ihre Belohnung gern angenommen.

Dieses Erlebnis war für meine Arbeit mit Tieren ein ausschlaggebender Wendepunkt. Von da an wurde es für mich oberste Priorität, zum Wohl des Tieres zu trainieren. Durch Malays Vertrauen und ihren Lerneifer haben wir viele magische Momente erlebt, die uns wohl beide für immer geprägt haben.

Die Vorteile des Medical Trainings

Früher wurden Tiere trainiert, um dem Menschen zu nutzen. Ziel des modernen Trainings ist es, dass auch das Tier profitiert, nämlich indem seine Lebensqualität verbessert wird.

Viele Haustiere haben große Angst vor dem Tierarzt, dem Hundefriseur oder auch einfach nur davor, berührt zu werden. Schlechte Erfahrungen oder eine mangelnde Sozialisierung sind die häufigsten Ursachen dafür. Manche Tiere möchten sich auch einfach nicht von fremden Personen anfassen lassen. Medical Training kann hier Abhilfe schaffen und bringt dabei folgende Vorteile:

Stressreduktion
Durch das tierfreundliche und gut verständliche Training wird dem Hund gezeigt, was mit ihm passiert, sodass er sich darauf einstellen kann. Wenn der Hund kooperiert, muss er nicht mehr gezwungen werden. Das kann den Stress des Tieres enorm verringern.

Selbstbestimmung
Der Hund bekommt die Freiheit, selbst zu entscheiden, ob er sich für einen Eingriff bereit fühlt. Das erhöht die Kooperationsbereitschaft wesentlich.

Vertrauen
Medical Training erfordert bedingungslose Ehrlichkeit. Der Hund wird niemals mit einer Untersuchung oder Pflegemaßnahme überfallen, sondern er kennt die Vorgänge genau. Unangenehmes wird immer angekündigt. Dies führt zu einem tiefen Vertrauen und einer unerschütterlichen Bindung zwischen Mensch und Hund.

Gesundheit
Medical Training erleichtert die Grundversorgung des Hundes und führt zu einem gesünderen, gepflegteren und vor allem zufriedeneren Hund. Sowohl die Pflege als auch die medizinische Versorgung werden mit relativ wenig Aufwand effizienter und einfacher.

Beschäftigung
Medical Training ergänzt die Liste der Beschäftigungsmöglichkeiten für Hunde um eine besonders wertvolle Komponente. Richtig aufgebaut ist Medical Training für den

Praxisbeispiel

Das Fell eines Pudels muss alle paar Wochen geschoren werden. Es ist also sehr sinnvoll, dies besonders gut zu trainieren, um dem Hund regelmäßigen Stress zu ersparen. Ein Golden Retriever wird normalerweise nur dann geschoren, wenn er eine Verletzung hat oder ihm Blut abgenommen wird. Für diesen Hund genügen wahrscheinlich andere vorbereitende Übungen wie Geräuschsozialisierung, Anfassen, Stillhalten oder ein Ich-bin-bereit-Signal.

Für Corona ist der Tierarztbesuch
eine lustige Übung ohne Stress.
(Foto: Archiv Animal Training Center/Daniela Juwan)

Daphie bestimmt selbst,
wann ihre Krallen geschnitten werden.
(Foto: Archiv Animal Training Center/salonloewe.org)

Wichtig!

Je mehr der Hund zu einer Behandlung gezwungen wird, desto größer wird sein innerer Widerstand. Bekommt der Hund hingegen mehr Kontrolle über Eingriffe, die seinen Körper betreffen, trägt dies zu seinem Wohlbefinden bei. Was, wann und wie schnell welcher Eingriff durchgeführt wird, darf er – solange es die Situation erlaubt – selbst mitbestimmen.

Hund dasselbe wie Tricktraining, jedoch kommen viele kleine Vertrauensbeweise dazu. Durch das gemeinsame Überwinden von kleinen und größeren Hürden wird das Vertrauen zwischen Hund und Besitzer immer wieder neu gestärkt.

Welches Training ist sinnvoll?

Welches Training für welchen Hund sinnvoll ist, ist sehr individuell. Überlegen Sie genau, welche Pflegemaßnahmen, Untersuchungen und Behandlungen für Ihren Hund bisher

Findet eine Maßnahme wie das Scheren regelmäßig statt, ist es zur Stressvermeidung ratsam, die freiwillige Teilnahme zu trainieren. (Foto: Archiv Animal Training Center/Daniela Juwan)

notwendig waren, derzeit notwendig sind oder in Zukunft wichtig werden könnten. Schreiben Sie dann fürs Erste fünf Verhaltensweisen auf, die Ihr Hund zeigen sollte und die derzeit noch Verbesserungspotenzial haben. Überlegen Sie auch, ob es Dinge gibt, die schon gut klappen, und schreiben Sie diese auf eine weitere Liste, um den Überblick über alle bereits erfolgreich trainierten Verhaltensweisen zu behalten. Genießt Ihr Hund beispielsweise die Fellpflege mit der Bürste und hat absolut kein Problem damit, ist das schon ein toller Erfolg. Ihr Hund findet das Bürsten keineswegs von Geburt an toll. Sie oder andere Personen, mit denen Ihr Hund Kontakt hatte, haben es erfolgreich geschafft, ihm zu zeigen, dass Bürsten etwas Angenehmes ist. Wählen Sie für den Beginn des Trainings eine Übung, die für Sie selbst und Ihren Hund möglichst klar und einfach ist. Arbeiten Sie in kleinen Schritten daran, damit Zwischenziele leicht und innerhalb relativ kurzer Zeit erreicht werden können. Das motiviert und gibt das nötige Selbstvertrauen, um später echte „Problemzonen" in Angriff nehmen zu können.

Nun wünschen wir Ihnen und Ihrem Hund viel Spaß und Erfolg bei der Umsetzung der Übungen aus diesem Buch. Ganz nach dem Motto: „Don't complain, train!"

(Foto: Archiv Animal Training Center/salonloewe.org)

DIE DREI SÄULEN DES ERFOLGREICHEN MEDICAL TRAININGS

Wie bereits angesprochen, basiert das Medical Training auf drei Säulen, die das Fundament für den Erfolg bilden. In diesem Kapitel geht es also darum, woraus diese Säulen bestehen und wie sie aufgebaut werden können.

Säule 1: Vertrauen – Bindung und Ehrlichkeit

Beim Medical Training verlangen wir vom Hund Verhaltensweisen, die ihm ohne entsprechendes Training sehr schwerfallen würden. Daher ist es besonders wichtig, dass er großes Vertrauen zu seinem Menschen hat. Vertrauen ist jedoch keine Gabe. Es muss erarbeitet werden. Je früher mit dem Vertrauensaufbau begonnen wird und je weniger negative Erlebnisse der Hund in seinem Leben erfährt, desto leichter fällt es ihm, dieses Vertrauen zu entwickeln. Daher ist es von großem Vorteil, bereits mit dem Welpen gemeinsam kleine Erfolge zu feiern und dem jungen Hund zu zeigen, dass er sich grundsätzlich auf seinen und andere Menschen verlassen kann. Aber auch Hunde, die bereits schlechte Erfahrungen gemacht haben, können lernen, dem Menschen zu vertrauen.

Vertrauen wird im Alltag bei jeder Interaktion mit dem Hund auf- oder abgebaut, sei es, wenn gemeinsam Alltagssituationen gemeistert werden oder wenn gemeinsam eine sportliche Leistung erbracht wird. Das bestehende Vertrauen ist mit einem Bankkonto vergleichbar, allerdings werden hier statt Geld „Vertrauensscheine" eingezahlt oder auch abgehoben. Der Kontostand wechselt ständig. Je höher er ist, desto mehr Vertrauen ist vorhanden und desto besser können schwierige Situationen gemeistert werden. Jede Bestrafung und jeder Tadel, aber auch negative Stimmungen entsprechen einer Abhebung vom Konto. Ebenso wirkt sich das Ausbleiben einer erwarteten Belohnung (Frust) negativ auf den Kontostand aus.

Ein gut gefülltes Konto gibt zwar keinen „Freifahrtschein" für Vertrauensbrüche, dennoch wird das Vertrauen nicht für immer irreparabel gebrochen sein, falls einmal eine große Abhebung vom Konto nötig sein sollte oder es zufällig und ohne Einfluss des Trainers dazu kommt.

(Grafik: Archiv Animal Training Center/Torben Frey)

Oben: Wird der Hund wiederholt hintergangen und werden seine Signale ignoriert, ist das Konto leer und es ist derzeit keine vertrauensvolle Beziehung vorhanden.

Mitte: Jede positive Interaktion entspricht einer Einzahlung auf das Vertrauenskonto.

Unten: Wird Vertrauen für eine Behandlung in Anspruch genommen, vermindert sich der Kontostand. Aufgrund häufiger vorheriger Einzahlungen ist das Vertrauen dennoch nicht in Gefahr.

Führen Sie eine Liste mit den Einzahlungen auf und Abhebungen von Ihrem Vertrauenskonto. Reflektieren Sie dafür die gemeinsamen Erlebnisse mit Ihrem Hund und verteilen Sie Plus- und Minuspunkte. Wenn Sie am Tagesende, am Wochenende und am Monatsende im Plusbereich liegen, können Sie davon ausgehen, dass sich das Vertrauen zwischen Ihnen und Ihrem Tier auf einem guten Stand befindet. Hier geht es immer um das Empfinden des Hundes. Dies ist auch eine gute Übung, um den eigenen Hund noch besser kennen- und einschätzen zu lernen.

DIALOG STATT MONOLOG

Basis einer vertrauensvollen Beziehung sind gegenseitiger Respekt und ein ehrlicher Austausch zwischen den Beteiligten. Damit der Hund uns vertrauen kann, ist es also wichtig, dass wir lernen, seine Sprache zu verstehen, und dass wir seine Signale und seine Gefühle respektieren. Ebenso müssen wir auf unsere eigene Kommunikation achten, damit wir uns dem Hund verständlich machen können und ihn nicht unbewusst durch unsere Körpersprache in eine für ihn unangenehme Situation bringen.

DIE SPRACHE DES HUNDES VERSTEHEN

Beschwichtigungssignale sind wichtige Kommunikationsmittel von Hunden und helfen zu erkennen, wann sich ein Hund unwohl fühlt. Sie sind die subtilste Möglichkeit, um eine unangenehme Situation zu deeskalieren, und müssen bei jeder Begegnung zwischen Mensch und Hund beachtet werden.

(Grafik: Archiv Animal Training Center/Torben Frey)

Oben: Fühlt sich der Hund unwohl, zeigt er Signale wie Blinzeln, Blick-Abwenden, Über-die-Lefzen-Lecken, Ducken oder Zur-Seite-Drehen.

Mitte: Dank entsprechendem Training sieht alles schon viel entspannter aus.

Unten: Wenn möglich, sollte auf Augenhöhe gearbeitet werden. Ein rücksichtsvoller Trainer achtet genau auf seine Körpersprache.

Erkennen wir diese Signale nicht oder ignorieren wir sie, bleibt dem Hund nichts anderes übrig, als zu deutlicheren Mitteln zu greifen: Wenn möglich, zieht er sich zurück, wenn nicht, beginnt er vielleicht zu knurren. Dieses Knurren ist extrem wichtig. Es dient der Distanzvergrößerung und zeigt uns Menschen, dass wir viel zu weit gegangen sind. Niemals darf das Knurren eines Hundes bestraft werden, denn damit nimmt man ihm ein wichtiges Kommunikationssignal. Wird der Hund nämlich am Flüchten gehindert und wird ihm außerdem das Knurren verboten, bleibt ihm oft nur noch, zu schnappen oder zu beißen, um sich aus einer für ihn untragbaren Situation zu befreien. Wenn ein Hund beißt, ist dies meist ein Resultat aus vielen Missverständnissen, mangelnder Kommunikation zwischen Mensch und Hund sowie wiederholten Enttäuschungen auf der Seite des Hundes.

Während des Medical Trainings wird der Hund immer wieder Beschwichtigungssignale zeigen. Das ist verständlich, da die Behandlungen häufig ein Unwohlbefinden auslösen. Es ist aber wichtig zu erkennen, ab wann der Hund mit einer Behandlung ernsthafte Probleme hat und daher unter Stress leidet. Falls nötig, muss das Tempo des Trainings angepasst werden. Bei einem gut durchdachten Trainingsplan sind die Schritte klein und verständlich genug, um den Hund nicht zu überfordern. Zusätzlich gibt ihm das Kooperationsverhalten oder Ich-bin-bereit-Signal (nähere Erklärung siehe Säule 2) die Möglichkeit zur „Flucht". Auch andere Anpassungen wie die Ursachenforschung sind spätestens dann angebracht, wenn der Hund Anzeichen von Stress zeigt. Was genau möchte er nicht? Wie könnte das Training verändert werden, damit die Ursache für die fehlende Bereitschaft behoben wird? Die identifizierten Schwachstellen werden dann separat trainiert, und erst wenn diese für den Hund einfach zu meistern sind, geht es wieder mit dem eigentlichen Trainingsplan weiter.

Wichtig!

Den Hund für ein Knurren zu bestrafen hat den gleichen Effekt, wie die Batterien aus dem Rauchmelder zu entnehmen. Man hört das Geräusch nicht mehr, aber die Gefahr ist noch immer präsent.
—Yamei Ross

KÖRPERSPRACHE DES TRAINERS

Eine falsche Körperposition des Trainers kann im ungünstigsten Fall zum Scheitern des Trainings führen. Wann immer es möglich ist, sollte man daher bei Eingriffen, die den Hund ängstigen könnten, auf Augenhöhe und nicht von oben herab arbeiten. Achten Sie grundsätzlich genau auf Ihre Körpersprache. Falls für eine Behandlung eine für den Hund unangenehme Position des Menschen nötig ist, muss das gezielt in den entsprechenden Trainingsplan eingebaut und bewusst trainiert werden. Beschwichtigungssignale wie Gäh-

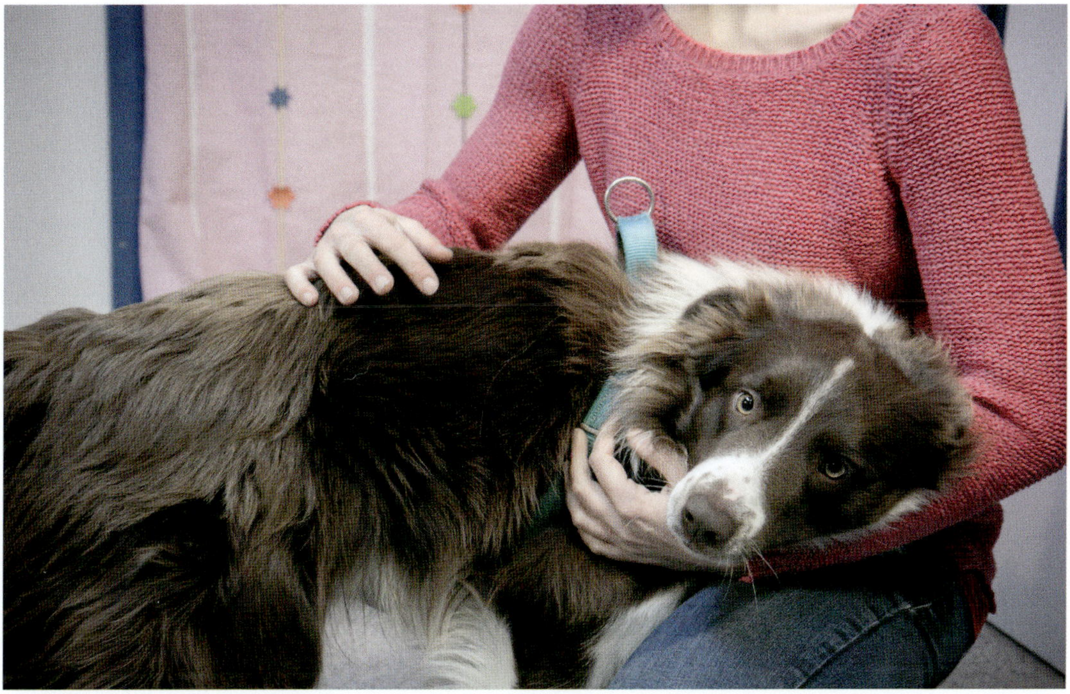

Ignorieren Sie Ihren Hund nicht, wenn er Angst hat. Seien Sie für ihn da!
(Foto: Archiv Animal Training Center/salonloewe.org)

nen, Blinzeln oder Blick-Abwenden können auch vom Menschen angewandt werden, um den Hund zu beruhigen.

ANGST – GEFÜHL ODER VERHALTENSWEISE?

Bei starker Ausprägung von Angst funktioniert das rationale Denken nicht mehr richtig. Es ist sinnlos, jemandem mit einem Angstproblem zu erklären, dass seine Angst unbegründet ist. Viele Menschen haben Angst vor Spinnen. Sätze wie „Die Spinne tut dir nichts!" sind für sie selten eine Beruhigung. Nur durch wiederholte positive Erfahrungen kann eine Angst eventuell überwunden werden.

Häufig entsteht Angst aus Erfahrungen, die ein Lebewesen im Lauf seines Lebens gemacht hat. Der erste Besuch beim Tierarzt endete für den Welpen vielleicht mit der Implantation des Mikrochips. Dafür wurde er in einer oft von Stress und Angst geprägten Umgebung von fremden Personen auf einem kalten, glatten und erhöhten Metalltisch festgehalten und mit einer dicken Nadel gepikst. Diese Situation kann den Hund überfordern und Angst verursachen.

Häufig wird geraten, dass dem ängstlichen Hund keinesfalls gut zugeredet werden darf und seine Angst ignoriert werden soll, da diese sonst nur noch schlimmer wird.

> *Praxisbeispiel*
>
> *Stellen Sie sich vor, Sie müssen zum Zahnarzt, um Weisheitszähne ziehen zu lassen. Die Vorstellung von den Spritzen, dem Vorgang selbst und den Schmerzen danach flößt Ihnen Angst ein. Wenn Sie nun Ihren Partner dabeihaben, dem Sie vertrauen und der Sie etwas ablenkt, werden Sie dann mehr Angst haben? Wohl eher das Gegenteil: Wahrscheinlich werden Sie sich wohler und sicherer fühlen.*

Mittlerweile ist es bekannt, dass das Gefühl der Angst definitiv nicht bestärkt werden kann! Bestärkt werden können nur Verhaltensweisen, aber keine Gefühle. Daher ist es für den ängstlichen Hund wichtig, dass ihm beigestanden wird. Es stimmt, dass es nicht sinnvoll ist, ihn zu bemitleiden und mit ihm gemeinsam „Tränen zu vergießen“. Aber einen geschützten Raum zur Verfügung zu stellen, sei es eine bekannte Decke oder ein Körbchen, ihm einen Duft oder auch einfach nur Körperkontakt mit seiner Vertrauensperson anzubieten, kann den Hund in einer Angstsituation sehr gut unterstützen. Dabei ist es essenziell, die Reaktionen des Hundes zu beobachten. Hilft ihm Körperkontakt und scheint sich sein Zustand dadurch zu verbessern oder wird er eher verunsichert? Tut es ihm gut, Leckerlis zu bekommen, oder stresst ihn das nur noch mehr? Wirkt die Stimme auf ihn beruhigend oder regt sie ihn noch mehr auf? Jeder Hund reagiert auf die Reize in seiner Umgebung unterschiedlich und es gibt daher kein Rezept, das bei jedem Hund und in jeder Situation funktioniert.

In einer beunruhigenden Situation gibt das Kooperationsverhalten (siehe Säule 2) dem Hund die Sicherheit, dass er die Angst einflößende Situation jederzeit beenden kann. Der Hund lernt so, seine Angst zu kontrollieren, weil er mitbestimmen darf, wie weit er gehen kann und möchte.

Die Steigerung von Angst ist Panik. In panischen Zuständen sind Tiere, aber auch Menschen, nicht mehr in der Lage, klar zu denken oder zu kooperieren. Panik kann zur Flucht veranlassen, aggressives Verhalten fördern, aber auch zu einer Starre führen, die leider viel zu oft mit Akzeptanz verwechselt wird. Ein Hund, der in manchen Situationen in panische Zustände verfällt, braucht professionelle Hilfe von einem bestens geschulten Hundetrainer, der sich mit der Psyche des Hundes und modernen Trainingsmethoden, basierend auf positiver Bestärkung, auskennt.

EHRLICHKEIT UND OFFENHEIT DURCH ANKÜNDIGUNGEN

Bevor etwas Unangenehmes passiert, teilt der Trainer dies dem Hund mit. Diese Ankündigungen vermeiden Stress, da der Hund genau weiß, wann ein Eingriff durchgeführt wird, und er nicht damit überrascht wird. Ein Wort wie „Achtung“ oder ein sachtes Strei-

Bevor etwas Unangenehmes passiert, wird dies dem Hund immer mitgeteilt.
(Grafik: Archiv Animal Training Center / Torben Frey)

cheln von der Schulter bis zur entsprechenden Körperstelle hilft dem Hund, sich auf den bevorstehenden Vorgang einzustellen.

Säule 2: Respekt – Selbstbestimmung und Kooperation

Training mit positiver Bestärkung gibt Selbstvertrauen, fördert die Kreativität und Selbstständigkeit und verleiht dem Tier Macht. Führt es dann etwa dazu, dass der Hund beginnt, über uns Menschen zu bestimmen? Ganz und gar nicht! Es handelt sich um die

Wichtig!

Lassen Sie Ihren verängstigten Hund nicht allein, ignorieren Sie ihn nicht! Stehen Sie ihm bei, finden Sie heraus, was ihm in einer beängstigenden Situation Halt gibt. Helfen Sie mit zu widerlegen, dass Angst ignoriert werden muss und sich diese bei Beistand seitens einer Vertrauensperson verschlimmert. Dieses Gerücht sollte nicht mehr weiter verbreitet werden!

Macht, über das eigene Leben und den eigenen Körper mitzubestimmen.

Stellen Sie sich vor, Sie leben in einem wunderschönen Haus mit toller Einrichtung, einem Multimedia-Unterhaltungssystem der neuesten Art und einer Bibliothek mit vielen interessanten Büchern. Außerdem bereitet Ihr Koch das Essen für Sie zu. Sie treffen regelmäßig Freunde und haben viele Hobbys. Allerdings dürfen Sie über all dies nicht selbst bestimmen. Jemand anders entscheidet, was Sie wann essen, plant jegliche sozialen Interaktionen und die Ausübung Ihrer Hobbys. Fernseher und Handy dürfen Sie nur zu bestimmten Zeiten nutzen und die Tür zur Bibliothek ist auch meist versperrt. Nun beantworten Sie folgende Frage: Wären Sie glücklich? Nein? Und wieso nicht? Sie haben zwar theoretisch alles, was das Herz begehrt, können aber nicht über Ihr Leben bestimmen.

In einer sehr ähnlichen Situation befinden sich unsere Haushunde. Sie werden nach bestem Wissen und Gewissen ihrer Besitzer versorgt, ihre offensichtlichen Grundbedürfnisse werden erfüllt. Dies sollte einen Hund doch glücklich machen, oder etwa nicht?

Auch Hunden ist es wichtig, über ihr eigenes Leben bestimmen zu können. Dies ist in menschlicher Obhut natürlich nicht immer möglich. Aber es gibt Situationen, in denen wir ihnen diese Kontrolle zugestehen können und auch sollten. Das Medical Training bietet diese Möglichkeit.

Doch warum will ein Hund überhaupt an einer für ihn unangenehmen Übung teilnehmen? Die Antwort ist simpel: Weil er selbst entscheiden kann und es sich für ihn lohnt. In einem sorgfältig durchdachten Trainingsplan bleibt der Hund durch angemessene Belohnung durchgehend motiviert, die Schritte sind verständlich und das Erreichen des Ziels führt beim Hund zu einem guten Gefühl. Und das Wichtigste: Der Hund weiß, dass er jederzeit aussteigen kann, wenn er sich überfordert fühlt.

Wichtig!

Die Kombination aus freiwilliger Kooperation, dem Wissen, jederzeit die Notbremse ziehen zu können, einer tollen Bestärkung und einem sorgfältig ausgearbeiteten Trainingsplan ermöglicht es, den Hund dazu zu bringen, dass er auch an beängstigend wirkenden oder schmerzhaften Prozeduren teilnimmt.

KOOPERATIONSVERHALTEN

Über ein Kooperationsverhalten, das sogenannte Ich-bin-bereit-Signal (IBB-Signal), kann der Hund seine Bereitschaft für eine Übung zeigen. Er weiß, dass eventuell etwas Unangenehmes auf ihn zukommt, wofür es jedoch im Anschluss eine besonders tolle Belohnung gibt. Zusätzlich kann er sicher sein, dass die Maßnahme nur dann durchgeführt wird, wenn er das Verhalten auch tatsächlichausführt.

(Grafik: Archiv Animal Training Center/Torben Frey)

Oben: Das Kooperationsverhalten Pfotegeben wird ausgeführt – der Trainer darf die Kralle schneiden, der Hund wird belohnt.

Unten: Der Hund unterbricht das Kooperationsverhalten Pfotegeben – der Trainer entfernt die Krallenzange, es gibt nun keine Belohnung mehr.

Dadurch kann er mitteilen, wie lange er sich wohlfühlt und wann er eine Pause benötigt. Führt der Hund das IBB-Signal aus, demonstriert er damit sein Einverständnis, und eine Pflegemaßnahme oder ein medizinischer Eingriff können stattfinden. Immer wieder erhält der Hund zahlreiche, besonders schmackhafte Belohnungen. Sobald der Hund das IBB-Signal nicht mehr ausführt, beendet der Trainer jegliche Behandlungen am Hund. Gleichzeitig bleiben jedoch auch die Leckerlis aus.

Der Hund konzentriert sich auf die korrekte Ausführung des Kooperationsverhaltens, eine gut etablierte und einfache Übung, wodurch der Fokus weniger auf dem unangenehmen Eingriff liegt. Ein wiederholtes Unterbrechen des Kooperationsverhaltens seitens des Hundes ist ein ernst zu nehmender Hinweis darauf, dass die Übung mangelhaft aufgebaut wurde oder der Hund im Moment ein anderes Problem hat, weswegen er nicht mitarbeiten kann.

IBB-Signale müssen einfach auszuführen sein und eine gute Belohnungsgeschichte haben. Die Belohnungsgeschichte beschreibt, wie häufig und wie gut ein Verhalten im Lauf seines Trainings belohnt wurde. Ist diese Belohnungsgeschichte lang, führt dies häufig zu einem selbstbelohnenden Wert der Verhaltensweise.

Ein Kooperationsverhalten soll ohne Probleme über einen längeren Zeitraum zu halten sein und den Hund in eine Position bringen, die die erwünschte Behandlung ermöglicht. Ein Auflösungssignal signalisiert dem Hund, dass die Übung nun vorbei ist. In manchen Fällen kann das Verhalten auch durch das Markersignal aufgehoben werden.

Auf der folgenden Seite haben wir eine Auswahl möglicher IBB-Signale zusammengestellt. Sie sind die Basis für viele unserer Trainingspläne. Trainieren Sie sie je nach Vorliebe Ihres Hundes und Ihren Möglichkeiten, bevor Sie mit den konkreten Übungen für das Medical Training beginnen.

Folgende IBB-Signale werden häufig für diverse Untersuchungen und Pflegemaßnahmen verwendet:

IBB-Signal	Wie sieht das aus?	Wofür kann es verwendet werden?
Kinntarget	Der Hund legt sein Kinn auf die Hand oder auf ein Handtuch und verharrt in dieser Position. Berührungen am gesamten Körper werden vom Hund toleriert.	Für alle Eingriffe, bei denen der Kopf ruhig gehalten werden soll. Besonders praktisch: Ist der Kopf ruhig, hält meist der ganze Körper still. So sind Ohrenreinigen, Injektionen, Fiebermessen, Verabreichung von Augentropfen, Untersuchungen der Beine etc. möglich, ohne dass der Hund schlecken oder gar schnappen kann. Die Übung kann auch als konditioniertes Entspannungssignal eingesetzt werden.
Seitenlage	Der Hund liegt auf der Seite, eventuell berührt auch der Kopf den Boden (wie der Trick „toter Hund"). Berührungen am gesamten Körper werden vom Hund toleriert.	Für Untersuchungen und Eingriffe an den Pfoten, insbesondere an den Ballen, am Hals und an der Seite. So sind Krallenschneiden, Untersuchungen, Scheren und Fellpflege, Zeckenentfernen, Röntgenaufnahmen etc. möglich.
Kuschelposition	Der Mensch sitzt mit ausgestreckten Beinen auf dem Boden, der Hund liegt in Rückenlage dazwischen und lässt sich überall berühren. Besonders geeignet für Hunde, die bereits ein vertrauensvolles Verhältnis zu ihrem Menschen haben.	Für Untersuchungen und Eingriffe an der Bauchseite, am Hals, an den Pfoten und der Rute. So sind Haareschneiden an Pfoten oder bei Verfilzungen, Zecken entfernen, Untersuchungen am Bauch, an den Beinen sowie zwischen den Beinen und Pfoten möglich.
Bodentarget	Der Hund stellt sich mit einer bestimmten oder allen Pfoten auf eine Matte oder etwas Ähnliches (z. B. auf einen Hocker) und bleibt dort.	Um den Hund an einem beliebigen Ort zu stationieren. So sind Baden, Fellpflege (Scheren und Bürsten), Blutabnahmen etc. möglich.
Pfote geben	Die Pfote liegt in der Hand des Trainers.	Für Untersuchungen und Behandlungen an den Pfoten und Beinen, etwa zum Krallenschneiden und für die Pfotenpflege.
Handtarget	Der Hund stupst die Hand mit der Nase an.	Fiebermessen, Positionieren und Führen des Hundes.
Sitz-Position, Platz-Position und weitere Positionen	Der Hund sitzt oder liegt entspannt.	Je nach Bedarf für diverse Behandlungen.

Das Training eines IBB-Signals muss eine ausreichende Generalisierung beinhalten. So muss ein Hund, der sich im Kooperationsverhalten befindet, unbedingt diverse Ablenkungen akzeptieren: eine hektische Umgebung, fremde Menschen, Berührungen am ganzen Körper, wenn der Trainer hinter ihm steht statt vor ihm, Gespräche des Trainers mit einer zweiten Person und vieles mehr.

Überlegen Sie genau, welche Ablenkungen im tatsächlichen Ernstfall vorhanden sein werden. Jegliche Eventualitäten sollten berücksichtigt werden, bevor Sie die Kooperation Ihres Hundes in einer realen Situation verlangen.

TRAINING VON ICH-BIN-BEREIT-SIGNALEN

Der Hund lernt eine Auswahl an IBB-Signalen vorerst als ganz normale Tricks, die besonders stark belohnt werden. Die eigentliche Bedeutung des IBB-Signals wird dem Hund erst vermittelt, wenn er dieses selbst gut beherrscht und verlässlich sowie gern zeigt. Soll der Hund beispielsweise ein IBB-Signal fürs Krallenschneiden erlernen, wird wie folgt vorgegangen:

Schritt 1: Der Hund kann bereits Pfote geben und diese über mehrere Sekunden in der Hand liegen lassen.

Schritt 2: Nun wird die Übung „Pfote geben" zum IBB-Signal. Der Hund legt die Pfote in die Hand, die Krallenzange wird langsam angenähert. Lässt der Hund die Pfote in der Hand, wird belohnt. Zieht er die Pfote zurück, wird die Krallenzange entfernt und es wird nicht mehr belohnt. Der Hund bekommt eine kurze Pause, in der bei Bedarf auflockernde Tricks trainiert werden können. Es wird erst wieder mit dem IBB-Signal weitergearbeitet, wenn sich der Hund etwas entspannt hat.

Schritt 3: Der Hund wird erneut aufgefordert, die Pfote zu geben. Dies wird sofort belohnt. Erst dann kommt die Krallenzange wieder ins Spiel, diesmal in größerer Entfernung und mit höherer Belohnungsrate, damit der Hund viele Erfolgserlebnisse hat. Erst danach wird die Zange in so kleinen Schritten angenähert, dass der Hund keinen Grund hat, die Pfote wegzuziehen. Sehr schnell lernt er, dass der Trainer auf seine Wünsche eingeht. Das erste Ziel ist erreicht.

Ein weiteres Beispiel wäre das Baden mittels erhöhtem Bodentarget (z. B. auf einem Hocker) als IBB-Signal. Solange der Hund mit beiden Pfoten auf dem Hocker steht, wird gebadet und dabei immer wieder belohnt. Verlässt er das Bodentarget, wird das Wasser sofort abgedreht und auch die Leckerlis bleiben aus. Wenn er das Kooperationsverhalten wieder ausführen möchte, wird die Dusche fortgesetzt.

Säule 3: Training – Erklärung und Generalisierung

Man unterscheidet zwei Grundtypen der Konditionierung, die klassische und die operante Konditionierung. Beide sind im Medical Training nahezu gleich wichtig.

Vier Beispiele für IBB-Signale, hier das Kinntarget ...

die Seitenlage ...

die Kuschelposition ...

(Fotos: Archiv Animal Training Center/Daniela Juwan)

und das Bodentarget.

Wichtig!

Für beide Seiten gelten klare Regeln. Der Hund lernt: Wenn ich das IBB-Signal ausführe, wird eventuell etwas Unangenehmes passieren, aber ich bekomme richtig tolle Belohnungen dafür. Wenn ich das IBB-Signal nicht ausführe, respektiert mein Mensch das und es passiert nichts: Es wird keine unangenehme Behandlung stattfinden, dafür gibt es aber auch keine Belohnungen.

KLASSISCHE KONDITIONIERUNG

Bei der klassischen Konditionierung lernt der Hund verhaltensunabhängig. Das bedeutet, er muss kein bestimmtes Verhalten zeigen, um sein Futter zu bekommen. Die klassische Konditionierung ist von besonderer Bedeutung, wenn der Hund Hilfsmittel für die Pflege oder Untersuchungen kennenlernt, vor denen er sich eventuell fürchten könnte. Vor allem, wenn diese bereits einen schlechten Eindruck hinterlassen haben, ist eine klassische Gegenkonditionierung nötig. Dabei wird etwas, was für den Hund bereits negativ besetzt ist, z. B. ein Gegenstand oder eine bestimmte Situation, durch die Verknüpfung mit besonders guten Dingen zu etwas Positivem.

In den Trainingsplänen später in diesem Buch wird immer wieder auf klassische Konditionierung hingewiesen, ohne dass diese jedes Mal erklärt wird.

Nach erfolgreicher Gegenkonditionierung hat der Hund ein gutes Gefühl, wenn er die Bürste erblickt. Das bedeutet aber noch lange nicht, dass er sich freiwillig bürsten lässt. Hierfür wird mit der operanten Konditionierung weitertrainiert.

OPERANTE KONDITIONIERUNG

Diese Art der Konditionierung beschreibt das Lernen aus Konsequenzen. Jedem Verhalten folgt eine Konsequenz, die entweder belohnend oder bestrafend ist und damit die Verhaltenshäufigkeit beeinflusst. Hat ein Verhalten angenehme Konsequenzen, wird die Verhaltenshäufigkeit steigen. Sind die Konsequenzen unangenehm, wird die Verhaltenshäufigkeit sinken. Es ist logisch, dass der Hund nicht getadelt wird, wenn er sich nicht bürsten lässt. Weniger einfach ist es häufig, unbewusste und ungeplante Bestrafungen zu vermeiden. Zum Beispiel können eine falsche Körperhaltung, ein zu schnell voranschreitendes Training oder eine – aus Sicht des Tieres – zu kleine Belohnung als Bestrafung (verhaltensmindernd) empfunden werden. Überlegen Sie deshalb vor jeder Trainingseinheit ganz bewusst, was auf den Hund in dieser Situation bestrafend wirken könnte. Versuchen Sie, all diese Dinge zu vermeiden, und setzen Sie stattdessen auf positive Bestärkung mit außergewöhnlich tollen Leckerbissen, rücksichtsvolle Körpersprache, einen guten Trainingsplan und faires Verhalten gegenüber Ihrem Hund.

(Grafik: Archiv Animal Training Center/Torben Frey)

Oben links: Ben hat Angst vor der Bürste ...

Oben rechts: ... frisst aber gern.

Unten links: Tritt die Bürste nun immer gemeinsam mit Futter auf ...

Unten rechts: ... findet Ben auch die Bürste toll.

TRAINING MIT EINEM MARKERSIGNAL

Die Kommunikation wird im Training durch ein klares Markersignal wie den Clicker, eine Pfeife oder ein Wort (z. B. „Yes", „Top" oder jedes andere für den Hund deutlich erkennbare Wort) erheblich erleichtert. Es markiert genau den Moment, in dem der Hund ein erwünschtes Verhalten zeigt, verspricht eine umgehende Belohnung und erleichtert dadurch die exakte Kommunikation mit dem Tier. Es bildet eine Brücke zwischen der Ausführung eines erwünschten Verhaltens und der Belohnung.

Wird im täglichen Training bereits mit einem Markersignal gearbeitet, muss eventuell ein Ruhemarker aufgebaut werden, der ausschließlich für Übungen eingesetzt wird, bei denen eine ruhige Stimmung herrschen soll. Das kann vor allem dann hilfreich sein, wenn der Hund das Markersignal bereits mit aufregenden Übungen verknüpft hat.

Verhalten, das belohnt wird, tritt häufiger auf, Verhalten, das (unbewusst) bestraft wird, tritt seltener auf. (Grafik: Archiv Animal Training Center / Torben Frey)

Wichtig!

Das Markersignal dient niemals als Ersatz für die Belohnung, sondern es kündigt diese an und überbrückt die Zeit, bis der Hund sie tatsächlich bekommt.
Im Medical Training erhält der Hund nach jedem Markersignal einen besonders guten Bestärker (Futter).

DIE ZEHN SHAPINGREGELN

Karen Pryor hat zehn essenzielle Regeln für erfolgreiches Shaping (Formen einer Verhaltensweise) beschrieben. Jeder Trainer muss diese kennen und anwenden können, um Frust im Medical Training zu vermeiden und Trainingsprozesse zu analysieren.

1. **Die Anforderungen werden in kleinen Schritten gesteigert.**
   Beispiel: Die Krallenzange wird Schritt für Schritt an die Kralle angenähert, bis sie die Kralle erstmals berührt. Jede Annäherung wird belohnt.

In der Kuschelposition funktioniert das Trainieren des Krallenschneidens bei Daphie besser.
(Foto: Archiv Animal Training Center/Daniela Juwan)

2. **Es wird immer nur ein Kriterium trainiert, niemals zwei gleichzeitig.**
   Beispiel: Zuerst lernt der Hund, die Pfote für eine Minute in der Hand des Trainers zu lassen, erst danach wird dieselbe Übung mit der Krallenzange wiederholt.

3. **Bevor der nächste Schritt trainiert wird, muss der vorhergehende sicher und auch bei variabler Belohnung verlässlich gezeigt werden.**
   Beispiel: Der Hund gibt die Pfote und wird dafür manchmal mit einem Leckerli, manchmal nur verbal oder auch mit einem Streicheln belohnt. Nur wenn das Verhalten trotzdem verlässlich ausgeführt wird, darf der nächste Schritt trainiert werden.

4. **Wird ein neues Detail trainiert, können alte Kriterien vorübergehend vernachlässigt werden.**
   Beispiel: Der Hund hat bereits gelernt, die Pfote für eine Minute durchgehend in der Hand zu lassen. Nun ist zum ersten Mal die Krallenzange in der Trainingseinheit dabei. Es ist also schwieriger für den Hund und er konzentriert sich auf diesen neuen Gegenstand. Der Trainer erwartet nun nicht, dass der Hund die Pfote für eine Minute in der Hand lässt, sondern belohnt bereits, wenn er diese für wenige Sekunden gibt.

5. **Gute Planung bringt den Erfolg.**
   Beispiel: Der Hund wurde in sorgfältig geplanten, ganz kleinen Schritten an die Berührung der Kralle mit der Krallenzange von oben gewöhnt, jetzt lässt er die Pfote zuverlässig ruhig liegen. Der Trainer ist vorbereitet und kennt den nächsten Schritt im Trainingsplan. Die Kralle wird jetzt von allen Seiten mit der Krallenzange berührt.

6. **Eine Verhaltensweise wird immer von nur einem Trainer geübt, bis diese fertig trainiert ist.**
   Beispiel: Trainer A trainiert mit dem Hund das Krallenschneiden, Trainer B trainiert das Anziehen des Brustgeschirrs. Sind die beiden Verhaltensweisen fertig trainiert, können sie auch vom jeweils anderen Trainer übernommen werden.

7. **Wenn der Plan nicht funktioniert, kann er geändert werden.**
   Beispiel: Klappt das Krallenschneiden mit dem IBB-Signal „Pfote geben" nicht, wird es in der Kuschelposition trainiert.

8. **Eine Trainingseinheit darf nie unerwartet beendet werden.**
   Beispiel: Der Hund gibt die Pfote, die Zange wird an die Kralle angenähert, das Telefon läutet. Der Trainer unterbricht, um ans Telefon zu gehen. Der Hund ist ratlos, da er nicht weiß, weswegen das Training unterbrochen wurde, und könnte annehmen, dass sein Verhalten durch Aufmerksamkeitsentzug bestraft wird.

9. **Wenn ein Verhalten schlechter wird, werden die vorherigen Schritte erneut trainiert.**
   Beispiel: In der letzten Einheit konnte der Trainer bereits die Krallen schneiden. Nun kooperiert der Hund nicht mehr, also geht der Trainer ein paar Schritte zurück und belohnt den Hund bereits für die Annäherung der Krallenzange.

10. **Die Trainingseinheit wird für das Tier immer positiv beendet.**
    Beispiel: Für Hund A, der ursprünglich große Angst vor der Krallenzange hatte, wird die Einheit beendet, nachdem die erste Kralle geschnitten wurde. Das Ende der Einheit stellt für ihn eine zusätzliche Belohnung dar. Hund B hatte noch nie schlechte Erfahrungen beim Krallenschneiden und hat Spaß an der Übung. Für ihn könnte es eine große Enttäuschung sein, nun das Training beenden zu müssen.

TRAININGSMETHODEN

Es gibt viele verschiedene Wege, eine Verhaltensweise zu trainieren. Für das Erstellen eines Trainingsplans ist es daher hilfreich, über die verschiedensten Trainingsmethoden Bescheid zu wissen. Die Grundlage für fast jedes Training ist ein Shapingprozess. Dieser beschreibt das Zerteilen jedes Verhaltens in kleine und für das Tier verständliche Schritte, deren Ausführung belohnt wird. Diese Trainingsschritte können vom Hund selbst ohne Mithilfe vom Trainer erarbeitet werden (free shaping/freies Formen) und sie können winzig klein sein, wenn beispielsweise nur Muskelbewegungen oder Gewichtsverlagerungen belohnt werden (Mikroshaping).

Eine Verhaltensweise kann auch über Locken mit Futter trainiert werden. Dies führt meist zu schnellen Ergebnissen.

Ähnlich wie das Locken funktioniert das Targettraining, allerdings befindet sich hier kein Futter vor der Nase. Der Hund lernt, mit einem Körperteil ein Target zu berühren. Dieses Target kann die Hand des Trainers sein, die der Hund mit der Nase anstupst, oder auch eine Matte, auf die der Hund mit der Pfote steigt.

IMMER UND ÜBERALL: GENERALISIERUNG ALS SCHLÜSSEL ZUM ERFOLG

Funktioniert eine Verhaltensweise in der Trainingssituation bereits sehr gut, muss sie in den verschiedensten Situationen mit unterschiedlichen Ablenkungen trainiert werden, damit sie auch beim Tierarzt oder Hundefriseur abrufbar ist. Daher muss die Generalisierung, also das Training unter Ablenkung, als eigener Schritt in jedem Training bedacht werden.

Beim ersten Training an einem neuen Ort wird weniger vom Hund verlangt als in einer Trainingseinheit in der gewohnten Umgebung. Dieses Training ist, wenn der Hund gut vorbereitet wurde, innerhalb weniger Minuten erledigt und der Hund leistet wieder das, was er in gewohnter Umgebung bereits gelernt hat.

SCHMERZEN BEIM TRAINING

Im Training mit positiver Bestärkung gibt es kaum Grenzen, was ein Tier lernen kann, solange es physisch dazu in der Lage ist. Meist entstehen die Grenzen im Kopf des Trainers, indem Erklärungen und Entschuldigungen dafür gesucht werden, wenn eine Übung nicht funktioniert. Häufig werden Tieren Etiketten aufgedrängt, die ihnen bestimmte Eigenschaften unterstellen. Tiere sind nicht stur, nachtragend, hinterlistig oder besonders lernwillig. Auch ist ein Tier niemals zu alt, um Neues zu lernen.

Mit einem sorgfältig durchdachten Plan und guten Trainingsfertigkeiten kann sogar Kooperation bei schmerzhaften Eingriffen erreicht werden. Dieses Training der Schmerztoleranz ist die Königsklasse des Medical Trainings. Nach und nach wird im Training der Schmerzreiz gesteigert, bis dieser sogar etwas stärker ist als jener, der in der Echtsituation auftreten wird. Denn dann ist der tatsächliche Eingriff einfacher zu bewältigen als die Trainingseinheiten.

Folgende Regeln müssen beim Schmerztraining beachtet werden:

- Eine Trainingseinheit, die Schmerzen beinhaltet, muss auch besonders viele lustige und einfache Übungen beinhalten.
- Im Trainingsplan müssen die Intensität der Schmerzen und die Schmerztoleranz sorgfältig durchdacht und bewertet werden. Das Schmerzempfinden ist subjektiv und daher nur schwer einzuschätzen. Eine Schmerzskala kann helfen. Dafür probiert man alle Schmerzreize, die der Hund tolerieren soll, am eigenen Arm aus und stuft diese ein. Dennoch gilt es zu berücksichtigen, dass jedes Lebewesen Schmerzen anders wahrnimmt.
- Es darf nur einmal pro Einheit über der Reaktionsschwelle (= der Schmerzreiz, der eine eindeutige Stressreaktion beim Hund auslöst) Schmerz zugefügt werden. Danach muss zumindest zehn Mal unter der Reaktionsschwelle gearbeitet werden (nicht zwingend in einer Einheit, sondern über mehrere Einheiten verteilt).
- Schmerzreize müssen langsam gesteigert werden – erst wenn ein Hund einen Schmerzreiz mindestens zehn Mal toleriert hat, darf dieser intensiviert werden.
- Der Schmerz, der im Training zugefügt wird, unterscheidet sich oft vom Schmerz in der Echtsituation. Daher sollten ver-

(Grafik: Archiv Animal Training Center/Torben Frey)

Um eine trainierte Verhaltensweise zu generalisieren, muss sie in den unterschiedlichsten Situationen geübt werden.

schiedene Schmerzreize trainiert werden. Anstatt nur Stiche mithilfe einer Büroklammer zu trainieren, kann man auch ein Gummiband an die zu trainierende Stelle schnalzen lassen, mit dem Fingernagel kratzen oder zwicken oder die Stelle für längere Zeit mit einem Eiswürfel berühren. So wird der Schmerzreiz generalisiert und das Tier im Ernstfall weniger überrascht.

- Der Trainer muss lernen, bereits geringe Schmerzanzeichen zu erkennen und richtig darauf zu reagieren. Die letzten Schritte werden wiederholt, die Belohnung muss noch besser werden.
- Mit dem Hund darf niemals geschimpft werden. Sollte er zucken oder flüchten wollen, darf er keinesfalls bestraft werden – dieser große Vertrauensbruch würde zu einem Rückschritt oder schlimmstenfalls zum Scheitern des Trainings führen.
- Niemals wird im Training die Haut durchstochen, das darf nur der Tierarzt oder Fachpersonal unter veterinärmedizinischer Aufsicht. Das verwendete Equipment im Training muss aus Sicherheitsgründen trotzdem desinfiziert werden.

DIE INNERE RUHE FINDEN

Durch die konditionierte Entspannung gelingt es, den Hund in eine ruhige Stimmung zu versetzen. Ziel ist es, ihn so weit zu entspannen, dass er mitarbeiten und auch in stressigen Situationen erwünschte Verhaltensweisen ausführen kann. Die Entspannungsphase wird durch ein verbales Signal wie „Relax" eingeleitet. Anschließend wird der Hund auf einer bestimmten Decke massiert, bekommt dort vielleicht einen Kaugegenstand und soll sich einfach wohlfühlen. Auch Elemente aus der Licht-, Aroma- und Farbtherapie können zur Entspannung beitragen. Achten Sie auf Ihre eigene Atmung, diese sollte ruhig sein und tief in den Körper hineingehen. Ein Auflösungssignal beendet die Entspannungsphase. Dieser Ablauf wird in verschiedenen Situationen trainiert. So werden das Wort und die Decke generalisiert, sodass sie für den Hund Hinweise für Entspannung werden.

Der Hund soll während der Entspannung nicht auf Futter fixiert sein. Wird mit Futterbelohnung gearbeitet, darf diese nur gegeben werden, wenn der Hund nicht zum Futter oder zur Futterhand schaut, sondern wirklich entspannt ist. Eventuell ist es für stark futtermotivierte Hunde besser, hier mit anderen Bestärkern wie sanftem Streicheln oder ruhigem Lob zu arbeiten.

Das Markersignal darf den Hund nicht aufregen. Ein Ruhemarker, der ausschließlich in ruhigen Situationen verwendet wird, ist empfehlenswert.

Bei besonders hibbeligen Hunden sollte jegliche Ruhe im Alltag belohnt werden. Liegt der Hund irgendwo und döst, kann ihm überraschend ein Leckerli vor die Nase geworfen werden. Gut möglich, dass er dann aufspringt und mehr möchte. Dieses Verhalten wird jedoch nicht belohnt. Das nächste Leckerli kommt erst, wenn er erneut ruht.

Ebenso empfiehlt es sich, bereits mit dem jungen Hund (es funktioniert natürlich auch bei älteren Hunden) ein sogenanntes Ankerverhalten zu trainieren. Dieses hilft dem Hund, sich zu beruhigen, weil es eine lange Belohnungsgeschichte hat und daher gern und bevorzugt ausgeführt wird. Am sinnvollsten dafür ist meistens das Hinlegen. Um diese Übung zu etablieren, sitzt der Trainer mit dem Hund an der Leine in einer ruhigen Situation. Nun wartet er, bis der Hund ein kleines Anzeichen von Entspannung anbietet, sei es eine entspannte Körperhaltung, Sich-Hinsetzen oder sogar bereits Sich-Hinlegen. All das wird sofort belohnt. Solange der Hund liegt, bekommt er immer wieder ein Leckerli zugeworfen. Auch hier muss wieder darauf geachtet werden, dass dieses dann kommt, wenn der Hund gerade nicht voller Erwartung zum Futter oder der Futterhand schaut, sondern sich gelassen und ruhig verhält. Steht er auf, wird er nicht vom Trainer dazu aufgefordert, sich wieder hinzulegen, sondern dieser wartet, bis er sich von selbst wieder hinlegt. Funktioniert dies in ruhiger Umgebung, wird das Ankerverhalten generalisiert. Es werden Ablenkungen eingebaut und später wird die Übung auch an etwas aufregenderen Orten trainiert, beispielsweise im Garten, bei Freunden, im Park, im Café, beim Hundefriseur und beim Tierarzt. Dies führt dazu, dass Hinlegen in schwierigen Situationen oder wenn der Hund nicht weiß, was von ihm verlangt wird, zur Verhaltensweise erster Wahl wird, weil er sich so Belohnungen verdienen kann.

Die Platzposition als Ankerverhalten hilft Flyer, auch in schwierigen Situationen zur Ruhe zu finden. (Foto: Archiv Animal Training Center/Marcus Auer)

Licht, Farben und Aromen können zur Entspannung beitragen. (Foto: Archiv Animal Training Center/ salonloewe.org.)

(Foto: Archiv Animal Training Center/salonloewe.org)

DER PERFEKTE START INS LEBEN

Wer mit dem Medical Training bereits im Welpenalter beginnen kann, hat einen eindeutigen Vorteil gegenüber Haltern von erwachsenen Hunden, die in ihrer Vergangenheit nie gelernt haben, dass sämtliche Berührungen in Ordnung sind oder die vielleicht sogar Schlimmes erlebt haben. Vertrauen, das von klein an aufgebaut wird, sitzt sehr tief, und ein Welpe vom verantwortungsvollen Züchter hat meist noch keine schlechten Erfahrungen gemacht. Wird ein Hund schon im Welpenalter gut vorbereitet, ist es sehr wahrscheinlich, dass er sich später ohne Probleme pflegen, untersuchen und behandeln lässt. Sämtliche Pflegevorgänge lassen sich ganz einfach in Kuschelstunden einbauen und werden dadurch zu etwas vollkommen Alltäglichem.

Vertrauensaufbau bei Welpen

Mehrmals täglich sollten dem Welpen kleine Aufgaben gestellt werden, die er gemeinsam mit seinem Halter erfolgreich bewältigen kann. Der Welpe soll in vielen verschiedenen Situationen lernen, dem Menschen zu vertrauen. Dies ist die Voraussetzung für späteres Medical Training.

Hier einige Vorschläge:

- über Baumstämme balancieren
- über einen Gitterrost gehen
- zwischen den Beinen durchlaufen
- auf einer erhöhten Fläche stehen
- gemeinsame Leckerlisuchspiele
- Apportiertraining mit dem Futterbeutel

Spielerisch dürfen die Welpen das Equipment erkunden. (Foto: Archiv Animal Training Center/Daniela Juwan)

Jede Herausforderung sollte gemeinsam mit dem Welpen Schritt für Schritt erarbeitet werden. Dabei ist es wichtig, das individuelle Lerntempo zu berücksichtigen.

Doktorspiele – die Sozialisierungsphase nutzen

VIDEOLINK AUF SEITE 93

Die erste Lebensphase ist für das gesamte Hundeleben von großer Bedeutung. Schon im Alter von wenigen Wochen prägen sich bestimmte Abläufe und Handlungen ein, weshalb der Welpe von Anfang an sanft und planvoll an sämtliche Pflegemaßnahmen und Behandlungen gewöhnt werden sollte, die ihn später dann einmal erwarten könnten.

Je früher ein Hund regelmäßig (mehrmals wöchentlich) am ganzen Körper berührt und an die Kontrolle von Ohren, Augen, Maul und Pfoten gewöhnt wird, umso normaler wird es im Erwachsenenalter für ihn sein. Daher ist es günstig, wenn in der ersten Zeit viele verschiedene Menschen den Welpen berühren. Auch sollte er die Möglichkeit erhalten, eventuell beängstigende Orte wie die Tierarztpraxis, den Tierarzttisch, den Hundefriseursalon zu erforschen sowie sämtliche Geräte spielerisch kennenzulernen. Außerdem ist es wichtig, dem Welpen beizubringen, sich zu entspannen. Dies lässt sich erreichen, indem er klare Ruhezeiten bekommt, die mit einer Decke, einem Geruch, Streicheleinheiten und anderen angenehmen Dingen verbunden werden.

Idealerweise sollte ein Hund jede der in der Tabelle auf der folgenden Seite aufgeführten Situationen zwischen der 6. und der 12. Lebenswoche mindestens drei Mal als etwas Positives erlebt haben. Die Liste lässt sich selbstverständlich individuell erweitern. Zur vollständigen Sozialisierung kommt es darauf an, dass der Welpe neue Situationen als positiv in Erinnerung behält und nicht verunsichert daraus hervorgeht. Ist er in bestimmten Situationen auffallend zurückhaltend oder gar ängstlich, ist es empfehlenswert, noch während der Sozialisierungsphase einen guten Hundetrainer aufzusuchen.

Für Hunde, deren Fell regelmäßig geschnitten werden muss oder die zum Friseur müssen, ist es sinnvoll, auch die folgenden Situationen zu üben:

- Friseurbesuch
- längere Zeit auf dem Tisch stehen
- längere Zeit gebürstet werden
- kämmen
- scheren
  (Geräusch und Vibration
  der Schermaschine)
- föhnen (Geräusch und „Wind")
- Pfoten festhalten
- Kopf fixieren

Dieser Welpe wird später keine Schwierigkeiten mit der Pflege auf dem Groomingtisch haben. (Foto: Archiv Animal Training Center/Daniela Juwan)

Tipps für Züchter

Wenn Ihr Wurf Besuch bekommt, können Sie diese Zeit sinnvoll nutzen. Bitten Sie die Gäste, bei allen Welpen spielerisch Ohren, Augen, Zähne, Rute, Beine und Zehenzwischenräume genau anzusehen und zu untersuchen. Der Besuch hilft dadurch beim Training, da die Welpen lernen, dass diese Berührungen auch von fremden Menschen ganz normal und alltäglich sind. Außerdem können Sie beobachten, ob einer der Welpen besondere Unterstützung benötigt, damit er später kein Problem mit Behandlungen hat.

Checkliste für die Sozialisierung in Bezug auf Körperpflege und Tierarztbesuche:

Situation	1. Mal	2. Mal	3. Mal
Tierarztbesuch ohne Behandlungen			
Auf einen Tisch heben			
Äußere Ohrmuschel säubern			
Ohrenreinigungsmittel eintropfen			
Augenuntersuchung mit Licht			
Augentropfen verabreichen			
Zahnkontrolle/Maulkontrolle			
Zähne putzen			
Pfoten untersuchen			
Beine untersuchen			
Puls messen			
Rute untersuchen			
Bauch abtasten			
Fieber messen			
Von Fremden hochheben lassen			
Maulkorb tragen			
Bürsten/Kämmen			
Baden			
Pfoten säubern			
Haare schneiden			
Krallen schneiden und/oder feilen			
Hautkontrolle			
Zecken entfernen			
Fixieren			
[hier ist Platz für individuelle Übungen]			

Bereits der vier Wochen alte Welpe lernt, diese Art der Berührungen zu genießen. (Foto: Archiv Animal Training Center/Daniela Juwan)

Darüber hinaus können die Besucher mit weichen Bürsten oder Pflegehandschuhen ganz vorsichtig die Welpen pflegen. Solange die Welpen alles genießen und keinerlei Ängste oder Unsicherheiten entstehen, muss hier kein Futter als Belohnung eingesetzt werden. Die Welpen sollten allerdings nicht an der Bürste kauen oder damit davonlaufen. Sollte das passieren, greifen Sie ein.

Falls ein Welpe Beschwichtigungssignale zeigt, ausweicht, stark hechelt oder zittert, muss dies sofort erkannt werden. Dem Welpen wird umgehend aus der Situation geholfen und die Situation wird positiv aufgelöst.

Für diesen Welpen wird ein Trainingsplan für eine gezielte Gegenkonditionierung erstellt, der bis zur Abgabe und bei Bedarf auch darüber hinaus konsequent durchgeführt werden sollte.

BIO SENSOR PROGRAM

Dieses Programm bereitet bereits die kleinsten Welpen optimal auf ihr späteres Leben vor. Durch fünf einfache Übungen, die innerhalb der ersten Lebenswochen mit jedem Welpen durchgeführt werden, verbessert sich nicht nur die spätere Stressbewältigung, sondern auch der Herzrhythmus, das Immunsystem und die Funktionen der Nebenniere. Außerdem werden die Welpen neugieriger und mutiger. Nähere Informationen findet der verantwortungsvolle Züchter im Anhang dieses Buches (siehe Link zur frühzeitigen neurologischen Stimulation).

Wichtig!

Besonders gutes Futter wie Frischfleisch, oder für viele Hunde auch Dosenfutter, wird eingepackt und vor Ort in der Tierarztpraxis oder auf dem Pflegetisch gefüttert. Das hinterlässt einen bleibenden positiven Eindruck. Belohnen Sie Ihren Welpen gezielt für ruhiges Verhalten in diesen für ihn neuen Situationen.

(Foto: Archiv Animal Training Center/salonloewe.org)

MANAGEMENT UND TROUBLESHOOTING

Mit dem richtigen Management lassen sich viele Probleme von vornherein vermeiden. Daher sollte zusätzlich zum Training alles unternommen werden, damit Untersuchungen und Behandlungen für den Hund so stressfrei wie möglich ablaufen. Angefangen beim Umgang mit dem Hund bis hin zur Praxis- oder Salongestaltung können Hundehalter, Tierärzte und Hundefriseure viel tun, um Angst und Stress zu reduzieren.

Aber selbst dann, wenn die Rahmenbedingungen stimmen und der Trainer die besten Absichten verfolgt, kann es immer wieder mal vorkommen, dass etwas nicht wie gewünscht funktioniert oder versehentlich schiefläuft. Daher haben wir im Anschluss an die Managementtipps zehn häufige Probleme und die entsprechenden Lösungsansätze für Sie zusammengestellt.

Ein vertrauensvolles Umfeld schaffen

Hier sind zahlreiche Ideen, wie Abläufe und Raumgestaltung im Sinne des Hundes und aller Beteiligten optimiert werden können.

TIPPS FÜR HUNDEHALTER

- Der Tierarzt oder Hundefriseur wird vielleicht erst Verständnis für das Training haben, wenn die für eine Untersuchung trainierte Verhaltensweise tatsächlich funktioniert. Daher wird sie erst nach gründlicher Generalisierung in der Praxis oder im Salon angewendet. Ist vorher eine Behandlung nötig, sollte diese durch Managementmaßnahmen so angenehm wie möglich gestaltet werden, z. B. durch

Der Trainer bringt den Hund genau in die vom Tierarzt erwünschte Position. (Foto: Archiv Animal Training Center/salonloewe.org)

viele Leckerlis, angemessenes Fixieren oder bereits funktionierende Kooperationsverhaltensweisen.

- Falls sich der Hund in einer Situation befindet, in der gehandelt werden muss, obwohl er dazu nicht bereit ist, gibt es unterstützende Managementmaßnahmen:
  - » Die Behandlung sollte so schnell wie möglich erfolgen.
  - » Nur das wirklich Nötigste sollte durchgeführt werden.
  - » Alles, was möglich ist, sollte der Trainer statt der Tierarzt(helfer) übernehmen – Fixieren, Hochheben und andere Vorgänge werden besser akzeptiert, wenn sie von einer Vertrauensperson durchgeführt werden und nicht von einem Fremden. Voraussetzung dafür ist, dass der Trainer diese Handlungen fachgerecht ausführen kann.
  - » Die Gesamtsituation sollte so positiv wie möglich beendet werden, sei es durch ein besonders gutes Leckerli vom Tierarzt oder mit einem Schnüffelspiel.
  - » Schadensbegrenzung betreiben: Nachdem die notwendige Maßnahme durchgeführt wurde, sollte die Situation evaluiert und wenn nötig sollten Elemente daraus extra trainiert werden. Auch der Behandlungsort kann danach durch verschiedene Übungen (siehe Abschnitt „Angst vor der Tierarztpraxis") wieder positiv besetzt werden.
- Termine ausmachen oder vor dem Besuch anrufen, um zu fragen, mit wie viel Wartezeit zu rechnen ist, hilft, diese kurz zu halten. Beim Warten wird bereits Spannung aufgebaut, und je kürzer die Wartezeit, umso ruhiger wird der Hund sein.
- Der Hund darf den Warteraum erkunden, solange er damit keine anderen wartenden Tiere nervös macht. Die Wartezeit kann auch sinnvoll überbrückt werden: Training bringt Ablenkung und die Örtlichkeiten bieten eine gute Möglichkeit für ein Generalisierungstraining. Auf die Waage steigen, Tricks, die konditionierte Entspannung, Übungen aus dem Medical Training wie die IBB-Signale oder auch einfache Gehorsamsübungen lenken den Hund ab.
- Ein nervöser Hund bekommt am besten eine einfache, klare Aufgabe. Er kann auf einer Decke liegen und dort mit einem

Kauspielzeug oder Knochen beschäftigt werden. Manche Hunde möchten nicht fressen, wenn sie sehr nervös sind. Dann ist die gründlich trainierte konditionierte Entspannung der erste Schritt zur Besserung. Im Warteraum können Sie nach Rücksprache auch regelmäßig üben, solange dadurch keine benötigten Warteplätze belegt werden.

- In der Praxis oder dem Salon wird auf Anweisung des Tierarztes oder Hundefriseurs, aber im Sinne des Hundes gearbeitet. Der Trainer fragt, was passieren wird, wo der Hund sein soll und in welcher Position er sich befinden muss. Der Trainer erklärt freundlich, wie sein Hund welche Behandlungen am besten erduldet, und versucht, den Hund von der Kooperation zu überzeugen, indem alle erforderlichen Übungen in zwei bis drei Schritten kurz aufgebaut werden, bevor die volle Leistung verlangt wird. Wenn nötig und möglich sollte der Trainer nicht davor zurückscheuen, eine Behandlung abzubrechen oder eine kurze Pause zu verlangen.
- Ein kooperativer Tierarzt oder Hundefriseur freut sich, wenn Hundebesitzer mit ihren Hunden einfach so vorbeikommen, ohne dass eine Behandlung ansteht. Oft genügt es bereits, wenn der Hund etwas Spaß im Wartezimmer hat, vom Tierarzt oder Hundefriseur besonders gute Leckerlis bekommt und eventuell gestreichelt wird.
- Das Training für eine Behandlung wird am besten dann begonnen, wenn am meisten Zeit bis zur nächsten Behandlung ist. Wurde der Hund heute geschoren, wird also morgen mit dem Training für freiwilliges Scheren gestartet. Das bedeutet, dass mehrere Wochen bis zur nächsten Schur Zeit sind und die Gefahr, dass der Hund während der Trainingsphase zu einer Schur gezwungen werden muss, gering ist.

TIPPS FÜR TIERÄRZTE UND HUNDEFRISEURE

- Es sollten richtig gute Leckerlis verfügbar sein. Vielen Hunden schmecken weiche, gut riechende Leckerbissen, getrocknetes Fleisch, Leberwurst für Hunde oder andere Köstlichkeiten, die es nicht täglich gibt. Trockene Hundekekse mit hohem Getreideanteil zählen selten zu den Favoriten.

Während des Gesprächs freundet sich die Tierärztin mit Haki an.
(Foto: Archiv Animal Training Center/salonloewe.org)

- Eine gute Kenntnis der Körpersprache des Hundes und seiner Beschwichtigungssignale hilft, Aggressionen zu vermeiden. Der Hund sollte auch nicht durch eine falsche Körpersprache des Behandlers bedrängt oder gar bedroht werden, was wiederum zu aggressivem Verhalten führen kann.
- Vor jeder Behandlung wird mit dem Hund Kontakt aufgenommen. Ein Vertrauensaufbau kann bereits während des Gesprächs mit dem Tierhalter stattfinden, indem der Hund nebenbei mit guten Leckerlis gefüttert und sinnvoll massiert oder gestreichelt wird.
- Kündigen Sie Berührungen an. Müssen Sie beispielsweise die Rute hochheben, um die Temperatur zu messen, streichen Sie mit der Hand vom Nacken über den gesamten Rücken des Hundes bis hin zur Rute, bevor Sie diese anheben. Das ist weniger überraschend, als wenn Sie einfach nach der Rute greifen und diese nach oben ziehen.
- Für viele Hunde ist es beruhigender, wenn sie vom Besitzer selbst gehalten werden. Ist der Hundehalter dazu in der Lage, benötigt er klare Anweisungen, wie die Fixierung aussehen soll, und er sollte nicht bereits nach dem ersten gescheiterten Versuch entmutigt werden.
- Manche Untersuchungsschritte können in ein Streicheln oder Kraulen eingebaut werden. So kann eine Impfung erfolgen, während der Hund am Nacken gekrault wird. Auch eine oberflächliche Ohren- oder Augenuntersuchung ist während des Kraulens möglich, sodass der Hund überhaupt nicht merkt, was passiert.
- Fassen Sie den Hund sanft und nur so fest wie nötig an. Berücksichtigen Sie dabei auch die Größe des Hundes und beachten Sie, dass ein kleiner Hund eventuell anders angefasst werden möchte als ein größerer.
- Arbeiten Sie rasch und selbstsicher. Je länger ein Hund einer Behandlung ausgesetzt wird, umso höher wird sein Stresslevel steigen. Dinge, die später besprochen werden können, sollten erst angesprochen werden, wenn der Hund wieder auf dem Boden steht und sich sicher fühlt.
- Für Erziehungstipps wird der Hundebesitzer zum zertifizierten Hundetrainer oder Verhaltenstherapeuten überwiesen. Trainer mit dem Gütesiegel „Trainieren statt dominieren" arbeiten nach Richtlinien, die sanftes und hundegerechtes Training ermöglichen. Auf keinen Fall darf der Hund vom Tierarzt oder Hundefriseur unterworfen oder körperlich gemaßregelt werden!

TIPPS FÜR DEN UMGANG MIT BESONDERS ÄNGSTLICHEN HUNDEN

- So viel wie möglich sollte vom Hundehalter selbst gemacht werden. Dieser kann bereits zu Hause Vorbereitungen treffen, wie z. B. die Temperatur messen, das Bein für eine Blutabnahme rasieren oder die Haare um eine Wunde wegschneiden. Diese Vorarbeit verkürzt die Behandlung durch den Tierarzt.
- Hausbesuche nehmen den Tieren den Stress, an einem fremden Ort untersucht zu werden. Falls es also möglich ist, sind diese absolut empfehlenswert.

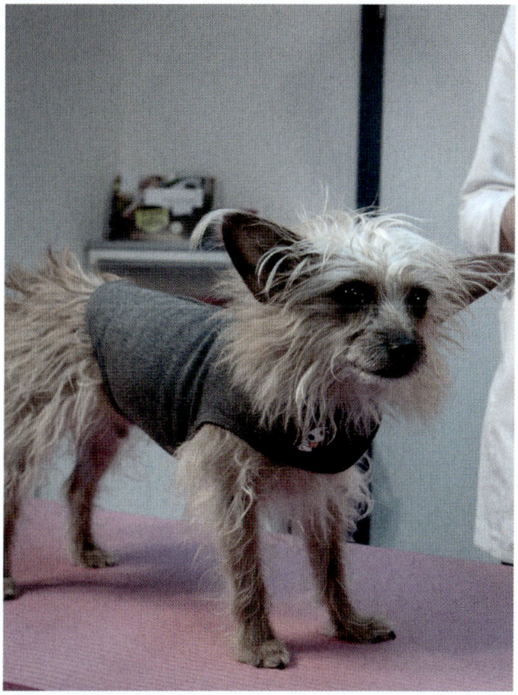

Das Thundershirt® gibt Jojo ein Gefühl der Geborgenheit. (Foto: Archiv Animal Training Center/salonloewe.org)

- Sofern die Außentemperatur dies zulässt, kann der Hund im Auto warten, damit er sich im Warteraum nicht unnötig aufregt. Eventuell können bestimmte Behandlungen auch dort erledigt werden.
- Falls nötig wird der Maulkorb vom Hundehalter angelegt, noch bevor der Tierarzt erscheint.
- Es sollte mehr Zeit für die Untersuchung eingeplant werden.
- Tellington TTouch®, Körperbandagen, Musik oder Aromatherapie sind sinnvolle Ansätze, um das Wohlbefinden eines Hundes zu erhöhen. Es gibt diverse Fortbildungen für deren effizienten Einsatz.
- Vielen Hunden hilft es, wenn Behandlungen am Boden durchgeführt werden.
- In der Tierarztpraxis können Hundepartys veranstaltet werden, um diesen Ort zu einem tollen Erlebnispark für Hunde zu machen. Lustige Spiele mit anderen Hunden oder auch einfach nur Streicheleinheiten vom Tierarzt packen das Problem an der Wurzel.
- Für eine effiziente Angsttherapie wird der Hundebesitzer am besten an einen qualifizierten Hundetrainer weiterempfohlen.

TIPPS FÜR EINE HUNDEFREUNDLICHE PRAXISGESTALTUNG

- Bieten Sie Kunden eine Terminvergabe an, um lange Wartezeiten zu vermeiden.
- Gute Stimmung bei der Aufnahme und im Warteraum hilft, die Spannung bei Tier und Mensch zu verringern.
- Getrennte Ein- und Ausgänge helfen, das Aufeinandertreffen verschiedener Tiere zu vermeiden.
- Bei der Anmeldung kann eine Matte ausgeteilt werden. Diese kommt dann mit in den Warteraum, auf den Tisch, auf die Waage etc. und hilft dabei, dem Hund Sicherheit zu geben. Während des Wartens wird sie klassisch konditioniert, indem darauf gefüttert, gestreichelt oder massiert wird.
- Im Warteraum sind Trennwände zwischen den Wartesesseln für Hunde sehr hilfreich, um unnötige Aggressionen gegenüber Artgenossen oder Ängste vor anderen Tieren zu vermeiden.
- Ein rutschfester Boden im Warteraum gibt Hunden sicheren Halt.

- Eine rutschfeste Unterlage auf dem Tisch vermittelt dem Hund mehr Sicherheit.
- Bieten Sie getrennte Warteräume für Hunde und Katzen an, das verhindert unnötige Aufregung bei den Tieren. Lässt sich das nicht umsetzen, kann es bereits helfen, sichere, erhöhte Abstellmöglichkeiten speziell für Katzenkörbe einzurichten. Dort können Hunde die Katzen nicht so gut wahrnehmen, sodass diese sich wohler fühlen.
- Wird die Waage an einem geschützten Ort im Warteraum positioniert, kann der Hund bereits in Ruhe vom Besitzer gewogen werden.
- Ein kleiner Garten oder zumindest eine Bank zum Warten vor der Praxis oder dem Salon bieten die Möglichkeit, den Hund abzulenken, sodass er nicht im Warteraum den Stress anderer Hunde miterleben muss.
- Verständigen Sie den Hundehalter nach erfolgter Anmeldung per SMS oder Piepser, kurz bevor er tatsächlich an der Reihe ist. Dadurch kann er mit seinem Tier in der näheren Umgebung spazieren gehen.
- Farblichttherapie: Das Tier wird mit Farben bestrahlt. Die Farben Hellblau und Violett sind besonders geeignet. Auch im Warteraum können diese Farben bewusst verwendet werden.
- Klangtherapie mit Klangschalen oder klassischer Musik, geeignet ist z. B. Musik von Mozart.
- Aromatherapie über Duftlampen, z. B. mit Lavendelöl, Bergamottöl, Zirbenöl oder anderen Düften mit beruhigender Wirkung.

Hilfe, es klappt nicht!

Trotz aller Mühe beim Training läuft es nicht so, wie es soll? Lassen Sie sich nicht entmutigen. Es gibt immer eine Lösung! Hier nun zehn häufige Schwierigkeiten auf einen Blick.

1. DIE ÜBUNG FUNKTIONIERT IM TRAINING SUPER, ABER IN DER ECHTSITUATION NICHT

Das passiert vor allem dann, wenn nicht ausreichend generalisiert wurde. Es wurden also nicht alle Faktoren, die im Ernstfall vorkommen, im Trainingsplan beachtet und sorgfältig trainiert. Eventuell ist der Trainer aufgeregt und überträgt dies auf den Hund.

Im Idealfall kooperieren Tierärzte oder Hundefriseure in solchen Situationen und der Trainer kann einige Trainingseinheiten in die Praxis oder den Hundesalon verlegen. Dort wird die gesamte Übung mit sämtlichen Ablenkungen aufgefrischt.

2. DER HUND HAT KEINEN SPASS AM MEDICAL TRAINING

Es kann sein, dass die Einheiten nicht richtig aufgebaut wurden, dass sie zu lang sind, dass die Belohnung zu unattraktiv ist (die Behandlung ist für den Hund schlimmer, als die Belohnung gut ist) oder dass der Hund überfordert ist, da die Anforderungen zu schnell oder unklar gesteigert wurden.

Ein sorgfältig geführtes Trainingstagebuch kann helfen herauszufinden, ob das Verhältnis zwischen lustigen und fordernden Übungen stimmt. Auch die Motivation muss überdacht werden.

3. DER HUND KANN SEINE ANGST NICHT ÜBERWINDEN

Ist dies der Fall, muss näher nachgeforscht werden. Woher kommt die Angst und ist sie begründet? Wenn ja, muss hier an den Ursachen gearbeitet werden.

Wird das IBB-Signal vom Trainer wirklich respektiert und werden unangenehme Eingriffe angekündigt? Es kann auch sein, dass der Trainer durch seine Körpersprache den Hund unbewusst verunsichert. Verhält sich der Hund auch in anderen Alltagssituationen ängstlich, kann es helfen, viele einfache Übungen, bei denen sich der Hund nur ganz wenig überwinden muss, gemeinsam zu meistern. Das füllt das Vertrauenskonto auf und steigert das Selbstvertrauen.

Druck, Zwang und Strafe verschlimmern den Zustand eines ängstlichen Hundes nur. Bei tief sitzenden Ängsten sollte unbedingt professioneller Rat bei offiziell geprüften Hundetrainern gesucht werden, die sich mit positiver Bestärkung und den neuesten Erkenntnissen der Lerntheorie auskennen. Vermutlich ist eine ganzheitliche Therapie, inklusive Ernährungsumstellung, Gegenkonditionierungen, Desensibilisierungen und Selbstvertrauensübungen, hilfreich.

4. DER HUND HAT DEN TIERARZT ODER HUNDEFRISEUR GEBISSEN

Ein Hund, der beißt, ist noch lange nicht aggressiv. Er wurde missverstanden und kam mit seiner friedlichen Kommunikation, nämlich einer Distanzvergrößerung, nicht zum Ziel. Beißen ist niemals die erste Wahl für

Ein Hund beißt in der Regel erst dann, wenn seine Warnsignale mehrfach ignoriert wurden. (Foto: Archiv Animal Training Center/Daniela Juwan)

den Hund, erst über viele Warnstufen gelangt er dorthin, und zwar dann, wenn er wiederholt nicht verstanden wurde.

Hat ein Hund bereits gebissen, gibt es zwei Probleme. Zum einen meinte der Hund schon mal, dass Beißen der letzte Ausweg ist, weil er zu etwas gezwungen wurde, was ihm extrem unangenehm war, und zum anderen hat der Tierarzt oder Hundefriseur kein Vertrauen mehr zu Hund und Halter.

Beide brauchen unser Verständnis. Der Hund wurde definitiv nicht ausreichend vorbereitet und muss nun über verschiedene Maßnahmen langsam wieder an die Situation und den Menschen herangeführt werden.

Bei jeglichen aversiven Verhaltensweisen ist die Unterstützung durch einen kompetenten und professionellen Hundetrainer, der auf der Basis von positiver Bestärkung arbeitet, dringend anzuraten.

5. ICH ERREICHE DAS ZIEL EINFACH NICHT

Dafür gibt es zwei Hauptgründe. Der erste ist zu geringe Motivation: Ist die Belohnung belohnend genug oder wird deren Wert durch eine unbewusste Bestrafung reduziert? Eine Videoanalyse hilft, Fehler zu erkennen. Dank Smartphones ist dies mittlerweile kein großer Aufwand mehr.

Der zweite ist, dass der Trainingsplan nicht gründlich genug an den Hund angepasst wurde. Das Training sollte nach den zehn Shapingregeln analysiert werden.

6. ICH WEISS NICHT, WIE MEIN HUND [ZIELVERHALTEN EINSETZEN] LERNEN SOLL

Hier müssen als Erstes Grenzen im Kopf des Trainers überwunden werden. Merken Sie sich: Jedes Tier kann alles lernen, wozu es körperlich und geistig in der Lage ist. Besprechungen mit anderen Hundebesitzern oder -trainern, das Internet und ein Blick auf das Training anderer Tierarten sind hilfreich. Werden Sie kreativ! Schreiben Sie so viele Trainingspläne und suchen Sie nach so vielen Ansätzen für die gleiche Verhaltensweise wie möglich, auch wenn das zunächst verrückt erscheint. Holen Sie sich außerdem Anregungen in Seminaren, Einzelstunden mit Tiertrainern oder weiteren Büchern. Setzen Sie sich selbst keine Grenzen!

7. MEIN HUND IST BEREITS KRANK. IST ES JETZT ZU SPÄT FÜR TRAINING?

Das Training mit einem bereits kranken Tier zu starten ist schwieriger, aber auf keinen Fall unmöglich. Seien Sie besonders behutsam bei der Wahl der Kriterien und suchen Sie Belohnungen, die sich auch für den erkrankten Hund eignen und die er als gut genug empfindet. Es gibt mittlerweile zu den meisten Krankheiten Foren im Internet. Tauschen Sie sich dort mit anderen Betroffenen aus. Vielleicht gibt es jemanden, der bereits trainiert hat, was Ihnen bevorsteht. Falls Sie vor einem für Sie unlösbaren Problem stehen, können Sie auch gern eine Mail an uns senden.

8. DIE ERFORDERLICHE BEHANDLUNG IST SEHR SCHMERZHAFT, ABER UNVERMEIDLICH

Ist eine Behandlung sehr schmerzhaft, aber unbedingt erforderlich, seien Sie ehrlich zu Ihrem Hund. Es hilft, wenn er weiß, wann er diese Schmerzen zu erwarten hat. Versuchen Sie nicht, ihn zur Kooperation zu überreden, wenn Sie wissen, dass der Hund die Schmerzen nicht freiwillig ertragen wird. Dennoch können Sie die Rahmenbedingungen so gestalten, dass die Behandlung so angenehm wie möglich wird. Richtig gute Leckerlis, konditionierte Entspannung, ein Ankerverhalten, Musik und vor allem die Tatsache, dass Sie dem Hund zur Seite stehen, können dazu beitragen. Es hilft auch, die gesamte Situation mit einer Übung abzuschließen, die sehr einfach ist und bereits eine gute Belohnungsgeschichte hat.

Hier funktioniert das Team perfekt.
(Foto: Archiv Animal Training Center/salonloewe.org)

9. MEIN TIERARZT/HUNDEFRISEUR HAT KEIN VERSTÄNDNIS FÜR DIESES TRAINING

Möglicherweise wurden Ihre Absichten missverstanden. Erklären Sie noch mal genau, was und warum Sie trainieren und wie die Unterstützung vom Tierarzt oder Hundefriseur aussehen könnte. Betonen Sie vor allem, wie der Hund und auch der Tierarzt oder Hundefriseur davon profitieren können. Eine freundliche und klare Kommunikation fördert eine positive Stimmung. Wenn Sie die Kooperation des Tierarztes einfordern, müssen Sie auch halten, was Sie versprochen haben. Bereiten Sie den Hund also sehr gut vor und generalisieren Sie gründlich, bevor Sie Verständnis und Mitarbeit seitens des Behandlers verlangen.

Werden Ihre Wünsche rigoros abgelehnt und Sie können Ihrem Hund nicht die nötige Stressreduktion bieten, kann ein Wechsel der Praxis oder des Salons überlegt werden.

10. WIE REAGIERE ICH, WENN ICH MEINEN HUND ERSCHRECKT/VERLETZT HABE?

Auch wenn man alles unternimmt, um sie zu vermeiden, können Unfälle vorkommen. Die Krallen wurden zu kurz geschnitten, sodass empfindliche Nerven- und Blutgefäße beschädigt wurden, oder der Hund befand sich gerade in Seitenlage auf dem Tisch, als ein Topf zu Boden fiel und ihn furchtbar erschreckt hat.

Jetzt muss Schadensbegrenzung betrieben werden. Unterstützen Sie Ihren Hund und geben Sie ihm das, was er nun braucht. Füttern Sie ihm sämtliche Leckerlis, die Sie haben, und holen Sie schnell Nachschub aus dem Kühlschrank. Lockern Sie die Situation mit Laufspielen auf oder kuscheln Sie mit ihm, wenn er das lieber möchte. Dann gilt es, das Vertrauenskonto für diese Situation aufzufüllen und bei Bedarf gegenzukonditionieren. Im weiteren Training beginnen Sie wieder bei den ersten Schritten, eventuell nur mit Berührungen, eingebaut in entspannende Kuschelsituationen.

Sorgen Sie unbedingt dafür, dass sich der Unfall nicht wiederholen kann. Die gute Nachricht: Meistens erholen sich Hunde schnell von diesen unglücklichen Zwischenfällen, solange man sofort richtig reagiert.

(Foto: Archiv Animal Training Center/salonloewe.org)

MEDICAL TRAINING IN DER PRAXIS

Bevor es mit den praktischen Übungen losgeht, hier noch einmal die wichtigsten Stichpunkte zur Erinnerung:

Hunde an die Macht: Der Hund bekommt die Kontrolle über Vorgänge an und mit seinem Körper, wann immer es möglich ist.

Generalisierung: Ein Verhalten ist erst dann fertig trainiert, wenn es immer und überall funktioniert, wo man es benötigt.

Kurze Einheiten: 30 Sekunden für eine Trainingseinheit sind manchmal lang genug.

Ehrlich sein durch Ankündigungen: Dem Hund nichts verschweigen, ihn nicht negativ überraschen und keinesfalls täuschen.

Wenn was schiefgeht, Vertrauenskonto aufladen: Je größer das Vertrauen, desto besser die Erfolgschancen.

Hochwertige Belohnungen: Die Belohnungen müssen gut genug sein, um die Bemühungen des Hundes zu honorieren.

Niemals schimpfen oder bestrafen: Bestrafungen behindern das Training. Auch versteckte Bestrafungen müssen – soweit möglich – verhindert werden!

Bei Bedarf Helfer miteinbeziehen: Trainiert man Behandlungen, die später der Tierarzt durchführen wird, müssen rechtzeitig Dritte ins Training miteinbezogen werden.

Trainingseinheiten dokumentieren: Ein Trainingstagebuch hilft, den Überblick zu behalten, und belohnt den Trainer, wenn er nach einiger Zeit sieht, was bereits geschafft wurde. Irgendwann glaubt man nämlich tatsächlich, dass der Hund dem Tierarzt beim Impfen immer schon die Schulter entgegengestreckt hat.

Trainingspläne für Kooperationsverhaltensweisen

VIDEOLINK AUF SEITE 93

Im Folgenden haben wir Trainingspläne für Verhaltensweisen zusammengestellt, die sich erfahrungsgemäß gut als Ich-bin-bereit-Signale eignen. Selbstverständlich können Sie auch andere Verhaltensweisen nutzen. Bedenken Sie aber immer, dass Ihr Hund das

Verhalten sicher beherrschen muss, bevor es zum IBB-Signal werden kann. Unter dem Videolink im Anhang finden Sie Anleitungsvideos, die Ihnen das richtige Vorgehen beim Training weiter verdeutlichen.

KINNTARGET

Für diese Übung wird ein Tuch benötigt.

Schritt 1: Zur Gewöhnung an Berührungen erhält der Hund gute Leckerlis, während er gekrault wird (oberer und unterer Teil der Schnauze, ganzer Kopf). Dabei immer die eigene Körperposition beachten – nicht über den Hund beugen, sondern danebenhocken oder -stehen, dem Hund nicht direkt in die Augen starren, eventuell selbst Beschwichtigungssignale aussenden und auf die Signale des Hundes achten.

Schritt 2: Belohnt wird zunächst, wenn der Hund die Hand kurz mit der Nase berührt. Es kann mit einem Leckerli in der Hand nachgeholfen werden. Sollte der Hund vor der Hand zurückweichen, werden bereits Zur-Hand-Schauen und jede weitere Annäherung besonders belohnt.

Klappt das Kinntarget auf der Hand, wird es auf einem Tuch geübt. (Foto: Archiv Animal Training Center/Daniela Juwan)

Das Tuch kann später an verschiedenen Orten liegen, z. B. auf dem Schoß des Trainers. (Foto: Archiv Animal Training Center/Daniela Juwan)

Schritt 3: Nun wird die Übung zum Kinntarget ausgebaut. Dazu wird die eine Hand mit der Handfläche nach oben stabil gehalten und mit der anderen Hand werden Leckerlis so gefüttert, dass der Hund sein Kinn in die Hand legen muss, um die Belohnung zu erreichen. Schrittweise wird die Zeit, die der Hund den Kopf in der Hand liegen lässt, auf 30 Sekunden verlängert.

Schritt 4: Der Hund soll die Nackenmuskeln entspannen, sodass der Kopf fest in der Hand liegt und dort bleibt, auch wenn die Hand auf- und abbewegt wird. Um das zu üben, wird die Hand, in der der Kopf liegt, langsam hin und her und nach unten bewegt. Wenn der Kopf in der Hand schwerer wird, ist der Nacken entspannt. Bitte immer darauf achten, dass auch der Gesichtsausdruck entspannt ist. Ist der Hund aufgeregt, blinzelt er selten und die Augen sind sehr weit geöffnet.

Schritt 5: Um die Übung zu festigen, soll das Kinn nun stabil auf der Handfläche liegen bleiben, während der Trainer den Hund mit Leckerlis abzulenken versucht.

Schritt 6: Damit beide Hände frei sind, kann das Kinntarget nun auch auf einem Handtuch, Taschentuch oder Ähnlichem ausgeführt werden. Dafür wird das Tuch auf die Hand gelegt, danach werden alle bisherigen Schritte wiederholt.

Schritt 7: Das Tuch wird nun an verschiedene Orte wie auf das Knie, den Oberschenkel oder auch den Sessel gelegt und der Hund lernt, mit dem Kopf dort zu bleiben.

Schritt 8: Die Übung wird weiter generalisiert. Der Trainer steht vor und hinter dem Hund, beugt sich über ihn und so weiter. Verschiedene Menschen berühren den Hund, die Übung wird an verschiedenen Orten ausgeführt. Auch verschiedene Gegenstände werden an den Hund angenähert und der Hund wird damit berührt.

Profi-Tipps: Wenn an einem neuen Element einer Übung gearbeitet wird, kann das bisher trainierte Kriterium zunächst vernachlässigt werden. Kann der Hund beispielsweise das Kinn bereits für 30 Sekunden auf der Hand des Trainers lassen, wird dennoch die Dauer verkürzt, wenn er dabei zum ersten Mal angefasst wird.

SEITENLAGE

Schritt 1: Zu Beginn dieser Übung sollte der Hund bereits gemütlich in der Platzposition liegen. Dreht er nun die Hüfte auf die Seite, erhält er dafür eine Belohnung. Ein Hund, der entspannt liegt, nimmt diese Haltung automatisch ein. Als Hilfe kann er mit einem Leckerli so von vorn in Richtung Schulter gelockt werden, dass er dafür seine Hüfte drehen muss.

Schritt 2: Als Nächstes wird der Hund belohnt, wenn er sich auch mit seiner Schulter auf die Seite dreht. Wieder kann mit Locken nachgeholfen werden.

Schritt 3: Nun lernt der Hund, den Kopf auf den Boden zu legen. Er macht den Trick „Toter Hund".

Der Hund soll in der Seitenlage verharren, egal, an welcher Position sich der Trainer befindet. (Foto: Archiv Animal Training Center/Daniela Juwan)

Schritt 4: Dieselben Schritte werden für die andere Seite wiederholt, damit beide Seiten behandelt werden können.

Schritt 5: Wenn die Seitenlage auf beiden Seiten funktioniert, wird die Dauer verlängert. Der Hund soll mindestens eine Minute lang ruhig liegen bleiben.

Schritt 6: Ziel ist nun, dass der Hund auch liegen bleibt, während sich der Trainer hinter, neben, vor und über ihm befindet.

Schritt 7: Berührungen kommen hinzu. Sie werden zuerst nur angedeutet, dann wird der Hund richtig gestreichelt und am ganzen Körper berührt. In weiterer Folge werden auch Pfoten, Rute und Beine gehoben. Auch das wird wieder auf beiden Seiten geübt.

Schritt 8: Erst jetzt wird die Übung auf erhöhten Flächen und an neuen Orten langsam neu aufgebaut, damit sie überall funktioniert, erst auf dem Sofa, danach auf einem Tisch oder anderen erhöhten Flächen, die so gesichert werden, dass der Hund nicht abstürzen kann. Er wird nun außerdem an Berührungen von fremden Menschen gewöhnt. Auch verschiedene Gegenstände (z. B. Bürsten, Krallenzange etc.) werden an den Hund angenähert, bis er sie auf seinem Körper akzeptiert.

KUSCHELPOSITION

Schritt 1: Der Trainer setzt sich mit ausgestreckten Beinen auf eine weiche Unterlage und fordert den Hund auf, sich zu ihm zu legen. Er soll zwischen die leicht gespreizten Beine des Trainers kommen und wird dort gekrault, sodass er sich früher oder später freiwillig hinlegt.

Schritt 2: Der Hund sollte sich für diesen Schritt in Seitenlage zwischen den Beinen befinden. Das kann entweder über einen Trainingsprozess (siehe „Seitenlage") oder Streicheln erreicht werden. Er soll sich wohlfühlen und die Streicheleinheiten genießen. Der Trainer beginnt, den Bauch so zu streicheln, dass der Hund zumindest ein Hinterbein hebt – als Anfang für das Liegen auf dem Rücken.

Die Kuschelposition eignet sich beispielsweise für Behandlungen der Pfoten.
(Foto: Archiv Animal Training Center/Daniela Juwan)

Schritt 3: Behutsam wird der Hund nun in die Rückenlage gebracht und dabei mit dem sich schließenden Bein gestützt. Keinesfalls darf sich Widerstand im Hund aufbauen. Sollte sich der Hund verspannen oder Gegendruck spürbar sein, wird die Handlung sofort abgebrochen. Der Hund kann auch als Trick lernen, sich auf den Rücken zu drehen, dann muss nicht an ihm herummanipuliert werden.

Entspannungsindikator: Legt der Hund den Kopf ab, ist er wahrscheinlich entspannt. Macht er das nicht, sollte ein Trainingsschritt eingebaut werden, bei dem jegliches Kopfablegen belohnt wird, bis der Hund dies von allein macht. Im Idealfall liegt der Hundekopf auf dem Schoß des Trainers.

Schritt 4: In dieser Position wird der Hund nun behutsam berührt. Der Bauch wird gekrault. Die Pfoten werden leicht festgehalten, die Ballen massiert und die Krallen sanft gestreichelt. Die gesamte Unterseite des Hundes wird an Berührungen gewöhnt.

Schritt 5: Der Körper wird nun mit verschiedenen Gegenständen (Bürsten, Zeckenzangen, Stiften, Plastikspritzen, Stethoskop, Handtuch etc.) berührt.

BODENTARGET

Schritt 1: Das Bodentarget liegt leicht erhöht, z. B. auf einer Stufe oder einem Hocker. Annäherungen an das Target werden belohnt, bis der Hund mit einer oder beiden Vorderpfoten darauf steht. Er kann auch mit Futter dorthin gelockt werden. Sobald der Hund darauf steht, wird er wieder heruntergelockt und erneut zum Target geschickt, bis dieser Ablauf flüssig und ohne jede Hilfestellung funktioniert.

Schritt 2: Nun wird der Hund aus kurzer Distanz (einen bis zwei Schritte) auf das Target geschickt, die Distanz wird schrittweise vergrößert und er wird aus verschiedenen Richtungen geschickt.

Schritt 3: Die Zeit, die der Hund auf dem Target bleibt, wird schrittweise verlängert. Er sollte zumindest für eine Minute dort stehen bleiben.

Schritt 4: Während der Hund auf dem Target steht, wird er am gesamten Körper berührt, der Trainer steht in verschiedenen Positionen, andere Menschen stehen dabei, das Wasser in der Dusche läuft etc.

Schritt 5: Das Stehen auf der Matte wird an verschiedenen Orten, z. B. auch im Vorraum, beim Spazierengehen, im Auto, in der Badewanne, beim Tierarzt etc. trainiert.

PFOTE GEBEN

Schritt 1: Das Leckerli wird so in die Hand genommen, dass der Hund den Vorgang beobachten kann, und wird dann in der geschlossenen Faust auf Brusthöhe des Hundes gehalten. Der Hund wird an der Hand schnuppern und versuchen, an das Leckerli zu gelangen.

Schritt 2: Mit etwas Glück benutzt der Hund die Pfote, um das Leckerli freizubekommen. Sofort wird die Hand geöffnet und er darf das Leckerli fressen.

Schritt 3: Nach mehreren Wiederholungen wird die Faust wie bisher vor den Hund gehalten, jetzt allerdings ohne Leckerli. Sobald der Hund die Pfote hebt, um die Faust zu öffnen, wird markiert und belohnt.

Das Pfotegeben kann aus verschiedenen Positionen erfolgen. Hier wurde die Platzposition gewählt. (Foto: Archiv Animal Training Center/Daniela Juwan)

Schritt 4: Wenn der Hund auch die leere Faust mit seiner Pfote berührt, wird ihm die Hand mit offener Handfläche hingehalten. Der Hund wird belohnt, sobald er die Pfote etwas anhebt oder sogar in die Hand legt.

Schritt 5: Nun wird die Zeit, die die Pfote in der Hand liegt, schrittweise auf mindestens 1 Minute verlängert.

Schritt 6: Jetzt wird die Pfote sanft von den Fingern umfasst, etwas angehoben oder gesenkt, sodass der Hund optimal auf das Krallenschneiden oder ähnliche Behandlungen vorbereitet wird.

Schritt 7: Schritt 6 (und bei Bedarf auch vorherige Schritte) werden in diversen Alltagssituationen geübt.

Profi-Tipp: Alternativ kann der Hund das Pfotegeben auch so lernen: Der Trainer hält ein Leckerli schräg über den Kopf des sitzenden Hundes, sodass dieser aus der Balance kommt und eine Vorderpfote entlastet oder gar hebt. Diese Entlastung wird sofort markiert und belohnt. Von da an wird die Übung schrittweise weiter aufgebaut.

Trainingspläne für Übungen aus dem Medical Training

VIDEOLINK AUF SEITE 93

Beherrscht der Hund die IBB-Signale sicher, kann das eigentliche Medical Training begonnen werden. Die von uns zusammengestellten Übungen berücksichtigen verschiedenste Situationen. Wir beginnen mit recht einfachen Übungen für Routineuntersuchungen wie Abtasten, Fixieren, Anfassen und Körperteile-Zeigen, die jeder Hund lernen sollte. Viele davon lassen sich in die Kuschelzeiten einbauen und werden so zu einem völlig normalen Vorgang. Sie sind eine gute Basis für alle weiteren Übungen. Auch zu diesen Übungen finden Sie unter dem Videolink im Anhang konkrete Anleitungsvideos.

ANGST VOR DER TIERARZTPRAXIS

Hat der Hund schlechte Erfahrungen beim Tierarzt gemacht, sind oft bereits auf dem Weg zur Praxis erste Stressanzeichen zu beobachten. Dies bietet keine optimale Ausgangssituation für einen entspannten Tierarztbesuch. Die folgenden Tipps können beliebig kombiniert zu einer Verbesserung der Situation führen:

- Kann der Weg zur Praxis in den Spaziergang eingebaut werden, lernt der Hund, dass dieser nicht unbedingt einen Tierarztbesuch voraussagt. Am Eingang sollte man öfter einfach so vorbeigehen, damit dieser Bereich nicht mehr so beängstigend ist.
- Außerhalb der Tierarztpraxis kann gezielt trainiert werden. Jeder Blick und jede Annäherung an die Praxis werden belohnt. Entspanntes Verhalten wird besonders toll belohnt. Häufig gibt es einen Punkt auf dem Weg zur Praxis, an dem der Hund zum ersten Mal zögert weiterzugehen.

Kurz vorher wird begonnen, Tricks zu üben. Der Hund kann auch mithilfe eines Handtargets an diesem Punkt vorbeigeführt werden oder rund um diesen Punkt findet ein lustiges Laufspiel statt. Hat der Hund die imaginäre Linie überschritten, wird die Richtung geändert, er wird also wieder von der Praxis weggeführt. Es wird so lange trainiert, bis der Hund nicht mehr zögert, über den Punkt hinauszugehen. Am besten werden die Übungen an jeder Stelle, an der der Hund zögert, wiederholt. Diese Wiederholungen finden nicht während eines einzigen Spaziergangs statt, sondern in vielen einzelnen Trainingseinheiten.

- Ist der Hund dazu bereit, in die Praxis zu gehen, sollte das oft geübt werden, bevor der Hund dort wieder behandelt wird. Während des Trainings kann das Hinein- und Hinausgehen trainiert werden, sodass dieses flüssig funktioniert. Leckerlis bekommt er, wenn er die Praxis betritt. Wenn er sie wieder verlässt, bekommt er keine weiteren Belohnungen.
- Hat der Hund ein besonderes Lieblingsfutter wie z. B. Frischfleisch oder Feuchtfutter, kann dies nach Absprache mit dem Tierarzt in einem Futternapf in der Praxis gefüttert werden. Geschieht dies unabhängig von einem wirklich notwendigen Tierarztbesuch, wird die Praxis zu einem angenehmeren Ort.
- Beruhigende Nahrungsergänzungsmittel oder Pheromone (Adaptil®) können dazu beitragen, vor allem einen generell nervösen Hund beim Tierarztbesuch zusätzlich zu entspannen.

ABTASTEN

Das Abtasten wird am besten ohne IBB-Signal trainiert, damit Reaktionen seitens des Hundes möglich sind. Würde der Hund ein einschränkendes Kooperationsverhalten ausführen und komplett stillhalten, wäre es für den Tierarzt schwierig festzustellen, wann er auf Druck oder auf eine Berührung reagiert und wo er eventuell Schmerzen hat. Das kann unter Umständen die Diagnose erschweren. Ziel dieser Übung ist, dass der Hund sich am gesamten Körper abtasten lässt, wobei jeder Körperteil separat trainiert wird.

Hier wurde das Abtasten in der Seitenlage schon so gut generalisiert, dass es auch auf dem Tisch funktioniert. (Foto: Archiv Animal Training Center/Daniela Juwan)

Schritt 1: Begonnen wird mit einem für den Hund einfachen Körperteil. Die Hand wird angenähert und eventuell nur um den Körperteil herumgeführt. Erst danach wird der Körperteil sanft gestreichelt, wobei sich der Hund in jeglicher geeigneten Position befinden kann.

Schritt 2: Die Berührungen werden graduell intensiver. Der Hund spürt, dass dies kein normales Streicheln mehr ist.

Schritt 3: Nun wird richtig abgetastet, wofür zum Teil die ganze Hand oder auch nur zwei Finger verwendet werden. Der Druck wird stärker, die Hand verweilt immer wieder an der gleichen Stelle.

Schritt 4: Die ersten drei Schritte werden auf erhöhten Flächen und an verschiedenen Orten wiederholt, bis sich der Hund ruhig und sicher überall, auch auf einem Tisch, abtasten lässt. Außerdem wird das Abtasten durch verschiedene Menschen geübt.

FIXIEREN LASSEN

Auch für das Fixieren wird kein IBB-Signal verwendet. Das Training sollte stattfinden, wenn der Hund entspannt ist, nicht wenn er spielen möchte.

Bevor mit dem Fixieren begonnen wird, sollte das Abtasten am gesamten Körper geübt worden sein und vom Hund gut akzeptiert werden. Das Fixieren wird für jeden Körperteil einzeln geübt. Vor allem bei kleinen Hunden ist es von Vorteil, wenn auch das Fixieren auf dem Arm trainiert wird.

Schritt 1: Der Trainer berührt verschiedene Körperteile, markiert diese Berührungen mittels Markersignal und belohnt den Hund.

Schritt 2: Der Hund wird von hinten zwischen die Beine des stehenden Trainers gelockt. Dort soll er bleiben und der Trainer berührt seine Brust und füttert ihn. Damit wird der Hund am Weitergehen gehindert.

Schritt 3: Der Hund befindet sich zwischen den Beinen und lässt sich ohne Stress an der Brust halten. Nun kann sich der Trainer hinhocken und den Hund so zwischen den Beinen und der Hand an der Brust fixieren.

Beim Fixieren kann der Hund nicht weglaufen. Dafür, dass er das aushält, muss er reichlich belohnt werden. (Foto: Archiv Animal Training Center/Daniela Juwan)

Hier ist viel Belohnung nötig, denn zum ersten Mal ist der Hund in einer Position, aus der er nicht wegkann. Er darf deshalb ständig Futter aus der Hand fressen. Der Hund sollte nie überfordert werden und in eine Situation gebracht werden, aus der er fliehen möchte.

Belohnt wird nur, wenn der Hund ruhig in der Fixierung bleibt. Sollte er sich unwohl fühlen, wird die Fixierung gelockert und erst markiert und belohnt, wenn er sich wieder ruhig verhält.

Schritt 4: Nun wird die Fixierung länger gehalten. Der Trainer kann hier mit Massagen, Beschwichtigungssignalen oder tiefen Seufzern die Situation entspannen.

Schritt 5: Das Fixieren wird jetzt in verschiedenen Positionen geübt. Zuerst ist der Hund auf dem Schoß des Trainers und wird kurz an die Brust gedrückt. Im nächsten Schritt wird er hochgehoben und es wird markiert, während er sich in der Luft befindet. Danach erfolgt die Belohnung, auch wenn er dafür wieder abgesetzt werden muss. Das Fixieren wird auch in der Kuschelposition trainiert.

Schritt 6: Nun können Ablenkungen eingebaut werden. Ein paar Leckerlis werden auf den Boden gelegt und der Hund wird so fixiert, dass er diese nicht erreichen kann. In kurzen Abständen (wenige Sekunden genügen) wird er belohnt, wenn er sich in der Fixierung ruhig verhält. Der Vorgang sollte außerdem noch mit weiteren Menschen trainiert werden.

Profi-Tipp: Falls sich der Hund in irgendeiner Fixierung unwohl fühlt und starke Beschwichtigungssignale oder Zeichen von Flucht oder Angst zeigt, müssen die Anforderungen gesenkt und der Trainingsplan muss überarbeitet werden.

KÖRPERTEILE ZEIGEN

Bei dieser Übung kommen, je nach Körperteil, verschiedene IBB-Signale zum Einsatz. Gut geeignet sind das Kinntarget zum Ruhigstellen des Kopfes und das Bodentarget sowie Pfotegeben, um die beiden Vorderpfoten zu zeigen. Die Seitenlage ermöglicht die Begutachtung der Bauchseite und der Pfotenballen. Es können noch weitere Targets für die Hinterpfoten oder jegliche andere Körperteile trainiert werden.

Schritt 1: Der Hund führt das gewünschte IBB-Signal aus.

Schritt 2: Während der Hund im gewünschten Verhalten ist, werden eine oder auch mehrere Stellen am präsentierten Körperteil zuerst nur genauer betrachtet, danach werden diese berührt, es wird daran herumgezupft und/ oder Haare werden weggeschnitten.

ABHÖREN

Für diese Übung wird ein Stethoskop benötigt. Ist kein echtes zur Hand, kann man auch ein Kinderspielzeug verwenden oder beispielsweise einen Gürtel mit großer Metallschnalle umfunktionieren. Das IBB-Signal wird je nach Vorliebe des Hundes gewählt.

Geeignet sind das Kinntarget, die Seitenlage oder auch einfach Sitzen.

Beachten Sie beim Training, dass das Bruststück des Stethoskops handwarm sein sollte, und trainieren Sie das Abhören auf beiden Brustseiten. Geübt werden sollte auch, dass der Hund sein Maul für einige Sekunden geschlossen hält, weil Hecheln das Abhören erschwert.

Schritt 1: Der Hund darf das Stethoskop oder den Stethoskopersatz in angenehmer Atmosphäre kennenlernen.

Schritt 2: Der Hund führt das gewünschte IBB-Signal aus.

Schritt 3: Der Hund wird schrittweise daran gewöhnt, dass sein Maul sanft zugehalten wird, damit er beim Abhören nicht laut hecheln kann. Zuerst wird die Hand auf das Maul gelegt, danach werden die Finger leicht geschlossen. Das Maul wird nicht zusammengedrückt, sondern es genügt, wenn der Hund es für ein paar Sekunden schließt oder der Trainer das Öffnen verhindert.

Schritt 4: Die flache Hand wird leicht an die Abhörstelle gedrückt.

Schritt 5: Nun wird richtig mit dem Stethoskop abgehört.

WIEGEN

Benötigt werden für diese Übung eine rutschfeste Matte und eine Hundewaage. Wichtig ist, dass sich beim Wiegen der gesamte Körper des Hundes inklusive der Rute auf der Waage befindet.

Schritt 1: Der Hund lernt, mit allen vier Pfoten auf die Matte zu steigen. Dies kann z.B. durch Locken trainiert werden. Der Hund wird dafür belohnt, dass er nach und nach mit immer mehr Pfoten auf die Matte steigt. Erst wenn er mit allen vier Pfoten auf der Matte steht und dort stehen bleibt, geht es mit Schritt 2 weiter.

Schritt 2: Ziel ist, dass der Hund auf der Matte „Sitz" macht und bleibt, bis er ein Auflösungssignal erhält.

Schritt 3: Die Übung mit der Matte wird generalisiert, indem diese an verschiedene Orte gelegt wird – auf eine Liege, auf ein Sofa, auf eine Bank oder Ähnliches im Haus und später auch draußen. Der Hund wird immer wieder für einige Sekunden zum jeweiligen Platz geschickt.

Schritt 4: Nun kann die Matte auf die Waage beim Tierarzt gelegt und das Gewicht abgelesen werden. Beherrscht der Hund die Übung gut, klappt es nach einigen Wiederholungen auch ohne Matte.

Profi-Tipp: Steht keine große Hundewaage zur Verfügung, kann der Hund alternativ lernen, in eine kleine Box zu steigen und sich darin auf seinen vier dicht nebeneinanderstehenden Pfoten auszubalancieren. Das ermöglicht das Wiegen auf einer handelsüblichen Personenwaage.

Hat der Hund gelernt, in einen kleinen Karton zu steigen, ist das Wiegen auf einer Personenwaage möglich. (Foto: Archiv Animal Training Center/Daniela Juwan)

HOCHHEBEN

Das Hochheben erfordert viel Vertrauen. Deshalb ist es essenziell, dass der Hund immer wieder auf etwas gehoben wird, wo ihn Tolles erwartet. Damit sollte möglichst im Welpenalter begonnen werden.

Als IBB-Signal für diese Übung eignet sich das Bodentarget. Achten Sie auf die Signale Ihres Hundes, während Sie ihn hochheben, und ändern Sie gegebenenfalls Ihren Griff. Der Hund soll sich dabei möglichst wohlfühlen.

Schritt 1: Der Hund steht auf dem Bodentarget, das als IBB-Signal dient, und der Trainer beginnt, den Hund zuerst mit einer und dann mit beiden Händen überall zu berühren, vor allem an den Stellen, an denen er später gehalten werden wird. Der Hund soll währenddessen ruhig auf dem Target stehen.

Schritt 2: Der Hund wird, z. B. durch Locken, so auf das Bodentarget geführt, dass er seitlich vor dem Trainer steht.

Schritt 3: Der Trainier beugt sich über den Hund und berührt ihn, damit er sich daran gewöhnt. Dabei achtet er genau auf die Körpersprache, um rechtzeitig abbrechen zu können, falls der Hund Stressanzeichen zeigt.

Schritt 4: Mit einer Hand wird der Hund nun am Hinterteil seitlich sanft und abwechselnd in beide Richtungen angeschoben, sodass er sich an diesen leichten Druck gewöhnt und sich in die gewünschte Richtung bewegt. Das wird später nötig sein, um ihn in die richtige Position zum Hochheben zu bringen. Toleriert der Hund das Verschieben, wird er besonders gut belohnt.

Schritt 5: Während der Hund mit allen vier Pfoten noch auf dem Boden steht, wird mit den Händen leichter Druck von unten und beiden Seiten auf den Brustkorb ausgeübt, um den Druck beim Hochheben zu simulieren.

Schritt 6: Wenn es für den Hund in Ordnung ist, ein bisschen herumgeschoben zu werden, und wenn er sich am gesamten Brustkorb mit beiden Händen anfassen lässt, wird er vorsichtig am Brustkorb hochgehoben, sodass die Vorderbeine in der Luft sind, zuerst nur ein wenig, dann immer höher. Markiert und belohnt wird, wenn der Hund mit den Hinterbeinen ausbalanciert und ruhig steht.

Schritt 7: Ein Arm umfasst von unten den Brustkorb und hebt die Vorderbeine hoch, der zweite Arm unterstützt das Hinterteil. Dabei muss vor allem bei großen Hunden

Erstes Ziel ist, dass der Hund sich berühren und ein bisschen herumschieben lässt, während er auf dem Bodentarget steht. (Foto: Archiv Animal Training Center/Daniela Juwan)

Hat er genügend Vertrauen gefasst, klappt auch das Hochheben problemlos. (Foto: Archiv Animal Training Center/Daniela Juwan)

auch auf die eigene Balance und auf eine richtige Hebetechnik geachtet werden. Sollte der Hund zappeln, wurde er zu schnell zu hoch gehoben. Es muss ein paar Trainingsschritte zurückgegangen werden.

Profi-Tipps: Der Hund kann mittels eines Hinterhandtargets lernen, sich direkt so neben dem Trainer zu positionieren, dass er richtig steht, um hochgehoben zu werden. Damit lässt sich ein Herumschieben vermeiden und es kann als zusätzliches IBB-Signal gewertet werden.

Sofern es Größe und Gewicht erlauben, kann der Hund lernen, in die Arme zu springen. Dafür springt er zunächst auf den Schoß des sitzenden Trainers. In den nächsten Schritten richtet sich der Trainer immer weiter auf, bis der Hund in die Arme springt.

Kleine Hunde können lernen, freiwillig in einen Korb zu steigen. Ein Korb wird mit einer gemütlichen Decke ausgestattet und der Hund wird in diesen gelockt. Das Ein- und Aussteigen wird mehrmals hintereinander geübt, bis diese Bewegung flüssig funktioniert. Erst dann wird am Bleiben im Korb gearbeitet. Wenn dies funktioniert, wird der Korb Schritt für Schritt immer höher gehoben. Um Verletzungen zu vermeiden, darf der Hund nicht aus großer Höhe aus dem Korb springen.

BRUSTGESCHIRR ANZIEHEN

Brustgeschirre, eines für das Training und eines für das Spazierengehen, können dabei helfen, die Trainingszeit bis zum freiwilligen Anziehen zu überbrücken.

Schritt 1: Der Hund darf das Brustgeschirr begutachten.

Schritt 2: Die Hand mit Futter wird durch die Halsöffnung des Brustgeschirrs gesteckt und der Hund darf aus der Hand tolle Leckerlis fressen.

Schritt 3: Schritt für Schritt wird die Hand weniger weit durch die Öffnung gesteckt, sodass sich der Hund immer mehr an die Öffnung annähert.

Schritt 4: Die Hand wird nun so gehalten, dass der Hund zuerst nur die Schnauze durchstecken muss, danach den ganzen Kopf, um an das Futter zu kommen. Das Geschirr wird nicht Richtung Hund bewegt. Er muss sich selbst annähern.

Schritt 5: Dieses Rein- und Rausschlüpfen wird so lange wiederholt, bis der Hund ohne zu zögern und gern den Kopf durch das Brustgeschirr steckt. Das Geschirr wird noch nicht auf dem Rücken abgelegt.

Schritt 6: Der Kopf bleibt nun immer länger im Brustgeschirr, bevor der Hund das Markersignal und Futter erhält.

Schritt 7: Das Geschirr wird auf dem Rücken des Hundes abgelegt und wieder hochgehoben. Dies wird mehrmals wiederholt und das Geschirr verweilt immer länger auf dem Rücken.

Schritt 8: Der Gurt wird um den Bauch gelegt, aber noch nicht gleich geschlossen.

Zuerst wird dem Hund das Leckerli durch die Halsöffnung des Brustgeschirrs gereicht. (Foto: Archiv Animal Training Center/Daniela Juwan)

Ziel ist, dass der Hund den Kopf freiwillig durch die Öffnung steckt. (Foto: Archiv Animal Training Center/Daniela Juwan)

Das Schließen des Gurtes wird nach und nach immer mehr angedeutet. Der Gurt wird erst richtig geschlossen, wenn sich der Hund wohlfühlt. Er wird sofort wieder geöffnet.

Schritt 9: Erst wenn das geschlossene Brustgeschirr kein Problem mehr darstellt, wird das Brustgeschirr länger getragen. Am besten wird es gleich mit einem Spiel im Garten oder einer anderen lustigen Aktivität verbunden.

Profi-Tipps: Das Tragen des Brustgeschirrs kann als konditionierte Ruheübung trainiert werden, was vor allem für hibbelige Hunde hilfreich ist. Häufig wird das Brustgeschirr sehr schnell zum Signal für ein aufregendes Ereignis, da es meist einen lustigen Spaziergang ankündigt. Um dies zu vermeiden, wird es in Ruheübungen eingebaut. Es kann bei der konditionierten Entspannung dabei sein oder es wird zwischendurch einfach so im Haus angelegt.

Wenn das Anziehen kein Problem mehr darstellt, kann als weiterführendes Training „Sitz und Bleib" als IBB-Signal eingeführt werden. Dafür wird das Brustgeschirr gezeigt, der Hund bekommt das Signal für „Sitz" und wird belohnt. Dies wird so lange wiederholt, bis es ausreicht, das Brustgeschirr zu zeigen, damit sich der Hund hinsetzt. Nun kann das Brustgeschirr schrittweise angelegt werden, während der Hund sitzt. Sobald er aufsteht, wird das Anziehen unterbrochen. So startet der Spaziergang ruhig und gesittet.

MAULKORBTRAINING

Benötigt werden Joghurtbecher in verschiedenen Größen und ein gut sitzender Maulkorb. Wichtig ist, dass der Hund damit hecheln und trinken kann. Auch sollten die Löcher so groß sein, dass Leckerlis durchpassen.

Mit einem bunten Maulkorb macht der Hund auf Passanten einen weniger gefährlichen Eindruck. (Foto: Archiv Animal Training Center/Daniela Juwan)

Keinesfalls darf der Hund während des Trainings überlistet oder der Maulkorb auf den Hund zugeschoben werden. Die Schnauze muss immer freiwillig auf den Maulkorb zukommen.

Der Hund sollte nicht nach der Übung belohnt werden, sondern während er den Maulkorb trägt. Als IBB-Signal eignet sich das Kinntarget.

Schritt 1: Der Hund darf einen leer gelöffelten Joghurtbecher ausschlecken, um sich daran zu gewöhnen, dass sein Maul komplett umschlossen ist. Die Größe des Bechers soll in etwa der Größe des Maulkorbs entsprechen, er kann zu Beginn auch gern größer sein.

Schritt 2: Das Kinntarget wird als Kooperationsverhalten und auch als Entspannungssignal trainiert. Wenn der Trainer die Hand langsam nach oben und unten bewegt, soll der Kopf des Hundes ruhig in der Hand liegen bleiben – ein sichtbares Zeichen für einen entspannten Nacken.

Schritt 3: Nun befindet sich der Maulkorb in der Hand des Trainers, die Gurte sind weggebogen und der Hund wird wieder ins Kinntarget gebeten. Automatisch legt er die Schnauze in den Maulkorb, da dieser in der Kinntarget-Hand liegt. Die Dauer des Kinntargets mit Maulkorb wird schrittweise verlängert. Ziel ist wieder ein entspannter Nacken. Die Belohnung erhält der Hund durch das Gitter des Maulkorbs (das will gelernt sein – die Leckerligabe wird deshalb zuvor gesondert geübt).

Schritt 4: Der Hund hat die Schnauze zunächst noch nicht im Maulkorb, der Gurt wird hinter dem Nacken nur zugehalten und dann wie ein Halsband geschlossen. Es empfiehlt sich, das Schließen zuerst ohne Hund zu üben, da die Schnalle oft sehr klein ist und das Zumachen schnell und routiniert funktionieren sollte.

Schritt 5: Jetzt werden die Schritte 3 und 4 kombiniert. Der Maulkorb wird wieder als Kinntarget präsentiert, der Hund legt die Schnauze hinein, dann wird der Riemen hinter den Ohren zuerst nur zusammengehalten und danach richtig geschlossen. Wenn der Hund nervös wird, weil der Riemen eng anliegt, sollte er zuerst locker geschlossen werden. Falls beide Hände für das Schließen benötigt werden, müssen das entspannte Kinntarget und der daraufliegende Maulkorb an einem alternativen Ort trainiert werden.

Schritt 6: Nun können ruhige Übungen mit Hund und Maulkorb gemacht werden (z. B. „Sitz" oder „Platz"). Danach kommt immer mehr Bewegung ins Training und die ersten Laufspiele werden gestartet.

Wichtig: Der Maulkorb wird abgenommen, bevor der Hund ihn abstreifen möchte. Wurde der richtige Moment verpasst und der Hund versucht, den Maulkorb loszuwerden, wird dieser umgehend abgenommen und vorherige Trainingsschritte müssen wiederholt werden.

Schritt 7: Wird der Maulkorb nicht regelmäßig verwendet, sollte man alle paar Wochen damit trainieren oder spazieren gehen. Dann wird besonders reichlich belohnt, damit das Maulkorbtragen für den Hund etwas außergewöhnlich Tolles ist.

Profi-Tipps: Achtung, Belohnungsfalle! Wenn erwünschtes Verhalten (= keine besondere Reaktion, obwohl der Hund den Maulkorb trägt) zu selten belohnt wird und unerwünschtes Verhalten (= Abstreifversuche) versehentlich durch Aufmerksamkeit belohnt werden, lernt der Hund, dass sich das Tragen des Maulkorbs nicht lohnt.

Ist das Training über die Entspannung für den Hund nicht der richtige Weg, kann er auch über einen Shapingprozess Schritt für Schritt mit dem Maulkorb bekannt gemacht werden. Dabei werden dieselben Regeln beachtet, allerdings wird anstatt des entspannten Kinntargets gezielt die Annäherung der Hundenase an den Maulkorb und schließlich das freiwillige Verbleiben in diesem belohnt. Die beiden Vorgehensweisen lassen sich auch kombinieren.

BOXENTRAINING

Für dieses Training wird eine Transportbox benötigt. Es gibt verschiedene Modelle. Plastik- und Stoffboxen sind dunkel und gut geeignet für Hunde, die sich gern in Höhlen aufhalten. Stoffboxen sind sehr praktisch, wenn Ihr Hund die Box als seine mobile Wohlfühlzone annimmt. Im Auto sind fest montierte Aluminiumboxen am sichersten.

Eine Box ist dann groß genug, wenn der Hund darin stehen kann, ohne mit dem Kopf an die Decke zu stoßen, und seitlich ausgestreckt liegen kann. Keinesfalls darf der Hund in die Box eingesperrt werden, wenn er sich darin nicht wohlfühlt!

Schritt 1: Der Hund wird entweder mit Futter in die Box gelockt oder mit einem Bodentarget hineintrainiert. Für besonders ängstliche Hunde empfiehlt sich eine Box, deren oberer Teil abnehmbar ist. So kann man zunächst nur mit der unteren Wanne trainieren.

Schritt 2: Sobald der Hund mit allen vier Pfoten in die Box geht, wird er belohnt und sofort wieder herausgerufen, noch bevor er sich von selbst auf den Weg macht. Dieses Rein-raus-Spiel wird so lange wiederholt, bis der Hund freudig in die Box geht.

Schritt 3: Nun wird der Hund in die Box geschickt und soll dort verweilen. Kurze, wenige Sekunden dauernde Bleib-Übungen sind das Mittel der Wahl.

Schritt 4: Falls der obere Teil abgenommen wurde, wird er nun wieder montiert und der Hund wird erneut entweder über Locken oder über das Bodentarget in die Box geschickt. Gefüttert wird bei Bedarf durch das Gitter seitlich oder hinten. Das Rein-raus-Spiel wird wiederholt.

Schritt 5: In diesem Schritt wird wieder am Bleiben in der Box gearbeitet.

Schritt 6: Wenn der Hund ohne Stress in der Box bleibt, wird die Tür wenige Zentimeter hin und her bewegt. Markiert und belohnt wird, während die Tür in der Schließbewegung ist. Sobald die Bewegung der Tür kein Problem mehr darstellt, kann diese angelehnt werden. Sie wird noch nicht verriegelt, sondern sofort wieder geöffnet.

Anfangs wird das Bleiben in der Box bei geöffneter Tür geübt. (Foto: Archiv Animal Training Center/Daniela Juwan)

Schritt 7: Die Tür bleibt länger angelehnt, der Hund hat weiterhin jederzeit die Möglichkeit, sie zu öffnen und die Box zu verlassen. Sollte er dies tatsächlich tun, müssen die letzten Schritte wiederholt werden.

Schritt 8: Wenn sich der Hund bei angelehnter Tür über einen längeren Zeitraum entspannen kann, wird die Tür zum ersten Mal richtig verriegelt und sofort wieder geöffnet. Bei diesem Schritt ist es hilfreich, wenn dem

Hund eine Schüssel mit etwas Futter oder ein kleiner Kaugegenstand in der Box angeboten wird, sodass die Tür wieder geöffnet wird, bevor der Hund fertig gefressen hat und hinausmöchte.

Schritt 9: Die Tür bleibt nun länger verriegelt und wird erst geöffnet, wenn der Hund mit dem Fressen fertig ist. Er bekommt ein zusätzliches, besonders gutes Leckerli in der Box, bevor er herausgerufen wird.

Die Zeit zwischen Fertigfressen und Tür-Öffnen wird langsam verlängert, der Hund wird in der Box zwischendurch immer wieder mit gutem Futter belohnt.

Schritt 10: Die Tür ist wieder geöffnet, der Hund in der Box. Der Trainer entfernt sich schrittweise, bis der Hund auch in der Box bleibt, wenn der Trainer für längere Zeit außer Sicht ist.

Schritt 11: Wenn der Hund beim letzten Schritt entspannt ist, kann die Tür wieder verriegelt werden, bevor sich der Trainer schrittweise entfernt. Die Verweildauer in der Box wird ausgebaut.

Profi-Tipps: Falls der Hund die Box meidet, kann eine richtig tolle Leckerei in die Box gelegt und diese außerhalb der Trainingszeit geschlossen werden. Dann ist es besonders toll, wenn die Tür endlich geöffnet wird und der Weg zum Futter frei ist.

Hat der Hund erst mal gelernt, dass die Box ein angenehmer Ort ist, ist es ratsam, ein Auflösungskommando einzuführen, das dem Hund mitteilt, wann er aus der Box kommen darf. Damit können gefährliche Situationen, wie z. B., dass der Hund spontan aus dem Auto springt, vermieden werden.

Der Hund kann lernen, die Tür von innen selbst zu schließen. Dazu wird ein kurzer Strick innen an der Tür befestigt, an dem er diese zuziehen kann.

PFOTENPFLEGE

Für diese Übungen benötigen Sie ein Handtuch und gegebenenfalls eine Pflegecreme. Es kann sein, dass der Hund diese abschlecken möchte, daher wird er sofort nach dem Auftragen mit Kauartikeln abgelenkt.

Das Abtrocknen der Vorderpfoten klappt gut mit dem Pfotegeben als IBB-Signal. (Foto: Archiv Animal Training Center/Daniela Juwan)

Als IBB-Signale eignen sich die Seitenlage, das Pfotegeben und die Kuschelposition.

Schritt 1: Der Hund ist an einem geeigneten Ort abgelegt und wartet auf die Trainingseinheit. Sobald er ins Haus kommt, soll er sich zuerst auf eine Decke legen – dies vermeidet Schmutz im ganzen Haus.

Schritt 2: Pfotegeben als IBB-Signal kann nun auf einem Handtuch trainiert werden, um die gewünschte Pfote von Anfang an am richtigen Ort zu haben. Zuerst wird ein Streicheln der Beine und Pfoten nur angedeutet, danach werden sie gestreichelt und die Zehenzwischenräume werden abgetastet.

Schritt 3: Die Pfoten werden erst sacht, dann immer gründlicher abgetrocknet.

Schritt 4: Der Hund befindet sich nun in der Seitenlage als IBB-Signal, sodass der Bauch und die Hinterpfoten abgetrocknet werden können. Falls nötig, nähern sich die Hände wieder an, ohne den Hund zu berühren. Sobald dies in Ordnung ist, werden Bauch und Hinterpfoten gestreichelt.

Schritt 5: Der Hund ist noch immer in der Seitenlage und nun werden der Bauch und die Hinterpfoten mit dem Handtuch vorsichtig gerubbelt.

Profi-Tipps: Das Handtuch kann als Target für alle Pfoten verwendet werden. Der Hund lernt, die angetippte Pfote auf das Handtuch zu stellen und sie dort stehen zu lassen, bis ein anderes Signal kommt.

Der Hund kann alternativ auch lernen, mit den Vorderpfoten in eine Wanne mit Wasser zu steigen (z. B. eine niedrige Wanne aus Plastik). Vor der Wanne ist ein Handtuch ausgebreitet, auf das er tritt, wenn er wieder hinaussteigt. Dasselbe kann auch mit den Hinterbeinen trainiert werden, was allerdings eine sehr gute Hinterhandkontrolle erfordert.

Klappen das Abrubbeln und Abtrocknen der Pfoten, kann das Eincremen trainiert werden. Als IBB-Signal für die Vorderpfoten dient das Pfotegeben, für die Hinterpfoten eignen sich wieder die Seitenlage und die Kuschelposition. Der Hund darf zuerst an der Creme riechen und sie begutachten. Falls er daran schlecken möchte, wird das sanft verhindert. Danach wird die Creme auf die Pfoten aufgetragen.

KRALLEN KÜRZEN

Für diese Übung wird eine scharfe und qualitativ hochwertige Krallenzange benötigt. Als IBB-Signal für die Vorderpfoten dient das Pfotegeben, für die Hinterpfoten eignen sich das Kinntarget auf einem Tuch oder die Kuschelposition.

Geschnitten wird, sobald an der richtigen Stelle zum Schneiden angesetzt ist, ganz schnell, damit es nicht zu schmerzhaften Quetschungen kommt. Die Blutgefäße dürfen dabei nicht verletzt werden. Bei hellen Krallen sind sie gut sichtbar, bei dunklen Krallen nicht zu erkennen. Im Allgemeinen ist es daher ratsam, die Krallen häufiger, dafür weniger zu kürzen. Wird die Kralle versehentlich doch verletzt, muss die Blutung

Auch durch Scharren auf Schleifpapier lassen sich die Krallen kürzen. (Foto: Archiv Animal Training Center/Daniela Juwan)

sofort mit einem Tupfer oder Ähnlichem gestillt werden. Im Training wird man mit hoher Wahrscheinlichkeit um viele Schritte zurückgeworfen.

Ein Indikator dafür, dass die Krallen gekürzt werden müssen, sind hörbare Krallengeräusche, wenn der Hund über einen Holz- oder Fliesenboden läuft.

Schritt 1: Der Hund darf die Krallenzange begutachten. Hat er bereits Angst davor, ist eine Gegenkonditionierung nötig.

Schritt 2: Für die Vorderpfoten eignet sich das Pfotegeben und für die Hinterpfoten die Kuschelposition. Alternativ kann der Hund das Kinntarget zeigen, während die Pfoten vorsichtig hochgenommen werden. Ist die jeweilige Pfote in der gewünschten Position, wird sie so locker festgehalten, dass der Hund sie jederzeit wegziehen kann. Die Zange ist in Sichtweite und wird schrittweise an die Pfoten angenähert. Dieser und der nächste Schritt müssen für alle Krallen an allen Pfoten wiederholt werden.

Schritt 3: Die Krallen werden mit der Zange berührt. Dies wird mit jeder Kralle so oft wiederholt, bis der Hund entspannt bleibt.

Schritt 4: Nun wird erstmals geschnitten. Anfangs wird nach jeder geschnittenen Kralle belohnt. Das Markersignal ertönt erst, wenn der Hund die Pfote auch rund eine Sekunde nach dem Schnitt noch in der Hand ruhen lässt. Je nach Stresslevel des Hundes werden nur die Krallen einer Pfote oder auch mehrerer Pfoten während einer Einheit geschnitten.

Profi-Tipps: Eine Alternative zum Krallenschneiden ist das Krallenfeilen. Der Trainingsaufbau ist gleich, allerdings muss die Pfote aufgrund der Feilbewegung eventuell etwas fester gehalten werden. Der Vorteil des Feilens ist, dass die Blutgefäße nicht versehentlich verletzt werden können. Schneller und effektiver als mit der Feile lassen sich die Krallen mit einem elektrischen Dremel kürzen. Hierzu muss der Hund an das Geräusch gewöhnt werden.

Als Zusatzbeschäftigung und für Hunde, die sehr empfindlich auf das Festhalten reagieren, bietet sich Scharren auf Signal als Hilfe zum Kürzen der vorderen Krallen an. Hat der Hund das gelernt, kann es auf rauen Oberflächen, wie z. B. feinem Schleifpapier, verlangt werden. Der Vorteil ist, dass der Hund aktiv etwas tun kann und jegliches Festhalten vermieden wird.

VERBAND ANLEGEN

Für diese Übung wird diverses Verbandsmaterial benötigt. Als IBB-Signale eignen sich Pfotegeben für die Vorderpfoten und die Seitenlage oder Platz-Position für die Hinterpfoten. Das Training sollte vielseitig und abwechslungsreich gestaltet werden, da Verbände an sämtlichen Körperstellen benötigt werden könnten. Eventuell ist eine zweite Person hilfreich – vor allem, wenn sich der Trainer beim Anlegen des Verbands unsicher ist. Trockentraining an einem Stofftier oder auch einem anderen Menschen macht die Arbeitsschritte des Trainers flüssiger und erleichtert allen Beteiligten das Training. Außerdem kann so getestet werden, wie fest ein Verband gebunden werden darf.

Gilt es, eine echte Wunde zu verbinden, müssen eventuelle Schmerzen miteinberechnet werden. Daher muss hier besonders großzügig belohnt werden.

Geduldig lässt sich Daphie einen Pfotenverband anlegen. (Foto: Archiv Animal Training Center/Daniela Juwan)

Schritt 1: Die verschiedenen Hilfsmittel werden dem Hund vorgestellt, er darf sie in Ruhe begutachten.

Schritt 2: Der Hund gibt als IBB-Signal die Pfote, lässt sich dabei an der gesamten Pfote abtasten und diese darf auch vorsichtig etwas geknetet werden.

Schritt 3: Eine Stelle an der Pfote wird als mögliche Wunde ausgewählt, hier wird nun genauer untersucht und mit einem fusselfreien Tuch und auch mit Desinfektionsspray gereinigt (Gewöhnung an Desinfektionsspray siehe „Blut abnehmen"). Je nach Trainingsfortschritt wird dieser Schritt in mehrere Zwischenschritte zerlegt.

Schritt 4: Auf eine Wundauflage wird zu Übungszwecken etwas Creme aufgetragen, z. B. Melkfett, und die Wundauflage wird sanft auf die „Wunde" gedrückt. Dies simuliert das später eventuell notwendige Auftragen von Salben.

Schritt 5: Nun wird ein großes Stück Verbandswatte genommen, um die „Wunde" gelegt und mit der Hand zusammengehalten.

Schritt 6: Jetzt kommt der eigentliche Verband. Anfangs wird die Rolle nur an das Bein gehalten, dann einmal um das Bein gewickelt und erst danach wird das Bein Schritt für Schritt eingewickelt. Bei allen Zwischenschritten mit Leckerchen nicht sparen!

Schritt 7: Die Zehen müssen extra behandelt werden. Sie werden gespreizt, da sie unter Umständen bei einem vollständigen Verband durch Wattestücke voneinander getrennt werden müssen.

Schritt 8: Der Verband ist am Bein und der Hund wird mit Spiel oder Futter abgelenkt, sodass er diesen nicht runterziehen möchte. Der Verband wird entfernt, bevor der Hund versucht, ihn wieder loszuwerden.

Profi-Tipp: Eventuell ist es nützlich, in diesem Zusammenhang das Tragen eines Trichters zu trainieren. Sehr oft wird dies notwendig sein, um den Hund daran zu hindern, den Verband zu entfernen.

FELLPFLEGE

Sie benötigen hierfür eine Bürste. Im Training werden anfangs weiche und angenehme Bürsten verwendet, z. B. Babybürsten aus Ziegenhaar, Massagebürsten oder Fellpflegehandschuhe. Besondere Vorsicht ist mit harten Bürsten an Gelenken und anderen empfindlichen Stellen geboten. Für die Auswahl der geeigneten Bürsten steht Ihnen ein Hundefriseur sicher gern beratend zur Seite.

Überlegen Sie sich bereits vor dem Training, welches IBB-Signal für welchen Körperteil Ihres Hundes sinnvoll erscheint. Je nach Vorliebe Ihres Hundes und der erwünschten Stelle eignen sich Kinntarget, Platz-Position, Bodentarget oder Kuschelposition.

Schritt 1: Je nachdem, welche Körperstelle gebürstet werden soll, ist der Hund im passenden Kooperationsverhalten.

Schritt 2: Nun wird ein Streicheln angedeutet. Dafür wird die Hand in einem für den Hund angenehmen Abstand (zu Anfang dürfen das gern 30 Zentimeter sein) entlang des gesamten Körpers geführt. Der Abstand zum Hund wird immer geringer.

Schritt 3: In langen langsamen Zügen wird der gesamte Körper gestreichelt. Die Berührung soll möglichst großflächig (mit der flachen Hand) und von steigendem Druck sein – an Ohren, Beine und Rute denken!

Schritt 4: Durch eine klassische Konditionierung werden der Pflegehandschuh, die Massagebürste oder die richtige Bürste für den Hund zu etwas Positivem.

Schritt 5: Je nachdem, wie empfindlich der Hund reagiert, werden die Schritte 2 und 3 mit einem Pflegehandschuh, einer Massagebürste oder einer weichen Bürste wiederholt.

Schritt 6: Jetzt kann die richtige Bürste zum Einsatz kommen. Begonnen wird an den wenig empfindlichen Stellen. Nach und nach werden auch die empfindlichen Stellen ins Training miteingebaut.

Profi-Tipp: Um den Bauch besser bürsten zu können, kann der Hund das Bodentarget auch auf einem Hocker ausführen.

BADEN

Benötigt werden Badematten, ein Hocker, Hundeshampoo und Handtücher. Um das Badezimmer zu einem angenehmen Ort zu machen, werden die Mahlzeiten, das Tricktraining oder auch die konditionierte Entspannung dorthin verlegt.

Die Badewanne und der Boden werden mit etwas Rutschfestem ausgelegt, z. B. mit einer Gummimatte. Vor dem Baden wird das Hundeshampoo in einem Gefäß in etwas Wasser aufgelöst, um es einfacher verteilen zu können.

Falls der Hund in eine Badewanne mit hohem Rand steigen soll, hilft es, ihn mit einem Tritthocker zu unterstützen. Dessen Benutzung kann gesondert in einer entspannten Situation trainiert werden, z. B. als Aufstiegshilfe auf das Sofa.

Teil A: In die Badewanne/Dusche steigen
Schritt 1: Anfangs wird jede Annäherung an die Wanne belohnt. Später können die Leckerlis auf dem Wannenrand platziert werden.

Schritt 2: Über Locken oder mithilfe eines Targets lernt der Hund, mit den Vorderpfoten auf den Wannenrand zu steigen (bei einer Duschwanne wird dieser Schritt übersprungen). Eventuell ist dazu noch ein Hocker oder Tritt notwendig.

Schritt 3: Wenn der Hund ohne Probleme auf den Rand der Wanne steigt, soll er nun freiwillig hineinspringen. Dazu kann er motiviert werden, indem Leckerlis in die Wanne geworfen werden. Natürlich ist der Einsatz von Targets ebenfalls möglich. Es kann auch darauf hintrainiert werden, dass sich der Hund in die Wanne heben lässt, sobald er mit den Vorderpfoten auf dem Wannenrand steht.

Schritt 4: Der Hund lernt, auf ein Signal in die Wanne hinein- und wieder herauszuspringen beziehungsweise über die Stufen zu klettern, bis dies flüssig funktioniert.

Schritt 5: Die Verweildauer in der Wanne wird nun verlängert.

Teil B: Baden
Schritt 6: Das Bodentarget (der Hocker) wird neben die Badewanne gestellt und der Hund steigt mit den Vorderpfoten darauf.

Schritt 7: Nun wird der Hocker in die Wanne gestellt und der Hund wird belohnt, wenn er hineinspringt und hinaufsteigt. Dies wird mehrmals wiederholt, bis die Übung reibungslos funktioniert.

Schritt 8: Sobald der Hund auf den Hocker steigt, wird das Wasser ein wenig aufgedreht. Bleibt der Hund oben, wird belohnt. Verlässt

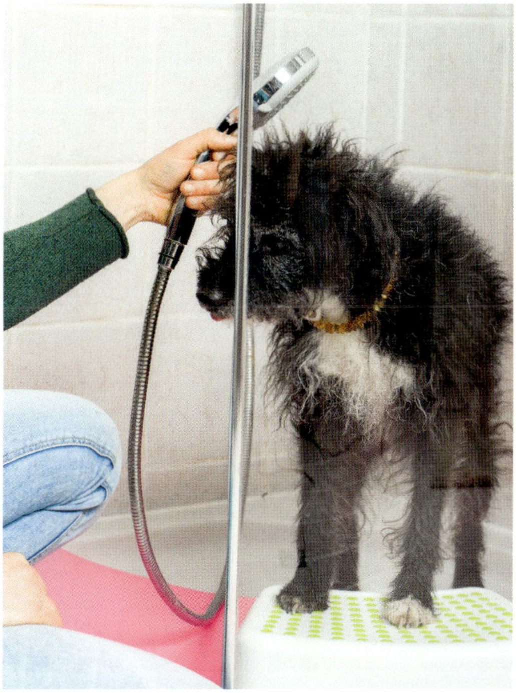

Solange der Hund auf dem Hocker stehen bleibt, wird geduscht.
(Foto: Archiv Animal Training Center/Daniela Juwan)

Steigt der Hund vom Hocker, wird das Wasser abgedreht.
(Foto: Archiv Animal Training Center/Daniela Juwan)

er den Hocker, wird das Wasser abgedreht und die Belohnung bleibt aus. Nach kurzer Pause wird der Hund wieder aufgefordert, auf den Hocker zu steigen; er wird belohnt und das Wasser wird aufgedreht. Wenn er nun bleibt, bekommt er eine besonders tolle Belohnung. Der Duschkopf ist anfangs vom Hund weggedreht, sodass kein Wasser direkt auf ihn läuft.

Schritt 9: Der Hund steht auf dem Hocker und die Beine werden nass gemacht.

Solange er dort bleibt, wird langsam von unten nach oben geduscht und immer wieder belohnt. Sollte der Hund vor dem Duschkopf zurückweichen, ist ein Zwischenschritt notwendig, in dem er lernt, den sich bewegenden Duschkopf und die damit verbundene Nässe zu akzeptieren.

Schritt 10: Der gesamte Körper wird mit dem Shampoo-Wasser-Gemisch massiert. Falls es nötig ist, einen Schwamm zum Waschen zu verwenden, muss dieser dem Hund vorher vorgestellt werden.

Schritt 11: Das Shampoo wird gründlich ausgespült und dann wird der Hund abgetrocknet. Erst danach sollte er auf ein Auflösungssignal hin aus der Wanne springen.

Das Abtrocknen und anschließende Hinausspringen kann gesondert in einer anderen Trainingseinheit geübt werden.

Profi-Tipps: Muss der Hund geföhnt werden, wird er schrittweise an den Föhn inklusive Geräusch und Wind gewöhnt.

Um unkontrolliertes Abschütteln zu vermeiden, kann dem Hund Schütteln auf Signal beigebracht werden. So wartet er damit, bis das Handtuch bereitgehalten wird.

SCHEREN

Benötigt wird ein vibrierender Gegenstand wie ein Handy oder eine elektrische Zahnbürste. Später kommt die richtige Schermaschine zum Einsatz.

Nicht jede Fellstruktur eignet sich zum Scheren, fragen Sie daher einen Hundefriseur um Rat, ob eine Schur bei Ihrem Hund infrage kommt. Vor der Schur sollte der Hund gewaschen und danach sehr gut getrocknet werden. Ein gut gekämmtes Fell erleichtert das Scheren. Der Hund muss nicht in einer Einheit komplett geschoren werden, besonders zu Beginn sollte man in kurzen Etappen mit reichlich Belohnung und Trainingspausen arbeiten. Folgende Übungen sollten problemlos funktionieren, bevor mit dem Schertraining begonnen wird:

- Alle benötigten IBB-Signale
- Abtasten
- Bürsten
- Pfotenpflege
- Baden
- Auf dem Tisch stehen

Zuerst wird das Scheren mit einem vibrierenden Gegenstand wie einem Handy simuliert.
(Foto: Archiv Animal Training Center/Daniela Juwan)

Das IBB-Signal muss sehr individuell gewählt werden, je nachdem, welcher Körperteil geschoren wird. Wird im Stehen geschoren, ist es günstig, wenn sich die Vorder- oder Hinterpfoten des Hundes auf einem Bodentarget befinden. So hat der Hund eine Aufgabe, auf die er sich konzentrieren kann. Die Seitenlage oder die Kuschelposition eignen sich für die Bauchschur, für die Pfotenschur (hier kann auch mit dem Pfotegeben gearbeitet werden) und die Schur von Kinn und Hals. Die Kopfschur klappt am besten mit dem zuvor geübten Kinntarget.

Der hier beschriebene Trainingsplan gilt vor allem für die Schur zu Hause. Für eine professionelle Schur beim Hundefriseur müssen die Abläufe und IBB-Signale angepasst und gründlich generalisiert werden.

Schritt 1: Der Hund wird an das Geräusch der Schermaschine gewöhnt. Dies geschieht durch klassische Konditionierung. Solange das Gerät eingeschaltet ist, gibt es ständig Futter. Sobald es ausgeschaltet wird, ist auch das Futter verschwunden. Bei besonders empfindlichen Hunden muss eventuell zuerst die ausgeschaltete Schermaschine gegenkonditioniert werden. Es ist außerdem sinnvoll, das Gerät in einiger Entfernung vom Hund zu halten, wenn es erstmals eingeschaltet wird.

Schritt 2: Ein vibrierender Gegenstand, wie ein Handy oder eine elektrische Zahnbürste, wird an eine wenig empfindliche Stelle, z. B. den Rücken oder den Oberschenkel, gehalten, um den Hund mit der Vibration vertraut zu machen.

Schritt 3: Sobald die Berührung mit dem vibrierenden Gegenstand an verschiedenen Stellen in Ordnung ist und der Hund nicht mehr ausweicht, kann die Dauer ausgebaut werden und es kann auch auf die Schermaschine umgestiegen werden.

Schritt 4: Mit der eigentlichen Schur wird wieder an der für den Hund einfachsten Stelle begonnen. Der erste Streifen wird geschoren und der Hund bereits dafür belohnt. Eventuell ist es nötig, zuvor mit der Schermaschine die Luft um den Hund herum zu „scheren".

Schritt 5: Nach und nach wird an der einfachen Stelle immer länger geschoren, bevor belohnt wird.

Schritt 6: Nun sind die empfindlicheren Körperstellen (Gesicht, Pfoten, Ohren etc.) des Hundes an der Reihe.

Profi-Tipp: Es kann durchaus längere Zeit dauern, bis die Schur freiwillig funktioniert. Sollte eine Schur während des Trainings notwendig sein, muss diese Situation für den Hund klar vom Training mittels IBB-Signal unterscheidbar sein (anderer Duft, anderer Ort, andere Personen).

ZECKEN ENTFERNEN

Benötigt wird eine Zeckenzange, ein Zeckenhaken oder Ähnliches. Wir beschreiben hier das Training mit der Zeckenzange. Geeignete IBB-Signale sind die Platz-Position, die Seitenlage oder die Kuschelposition, je nachdem, wo sich die Zecke befindet.

Schritt 1: Der Hund darf die Zeckenzange gerne begutachten.

Schritt 2: Der Hund sollte sich bereits am gesamten Körper berühren lassen, während er das erwünschte IBB-Signal ausführt. Jetzt wird zusätzlich ganz nebenbei das Fell an diversen Stellen mit den Händen geteilt, sodass die Haut kontrolliert werden kann. Dabei wird an diesen Stellen sanft gezupft.

Schritt 3: Schritt 2 wird wiederholt, doch nun ist auch die Zeckenzange dabei. Das Fell wird geteilt und der Trainer probt das Entfernen der Zecke, indem er die Zeckenzange direkt an der Haut ansetzt und vorsichtig etwa zweimal dreht. Wichtig ist, darauf zu achten, den Hund nicht schmerzhaft zu zwicken oder am Fell zu ziehen. Bei skeptischen Hunden sollte mit einer Ankündigung gearbeitet werden, um sie mit dem tatsächlichen Entfernen nicht zu überraschen.

Schritt 4: Alle beschriebenen Schritte müssen in den verschiedenen IBB-Signalen trainiert werden, um den Hund auf die Entfernung von Zecken an den diversen Körperstellen vorzubereiten.

Profi-Tipp: Die Übung sollte grundsätzlich erst dann mit einem Auflösungssignal beendet werden, wenn die Kontrolle der Bissstelle erfolgt ist.

AUGEN REINIGEN UND AUGENTROPFEN ANWENDEN

Benötigt werden eine sterile Kochsalzlösung aus der Apotheke, eine Pipette sowie ein fusselfreies Kosmetikpad oder ein ähnliches Tuch zum Reinigen der Augen. Augentropfen oder -salben sind unter anderem nötig, um bei Hunden relativ häufig auftretende Bindehautentzündungen zu behandeln. Für das

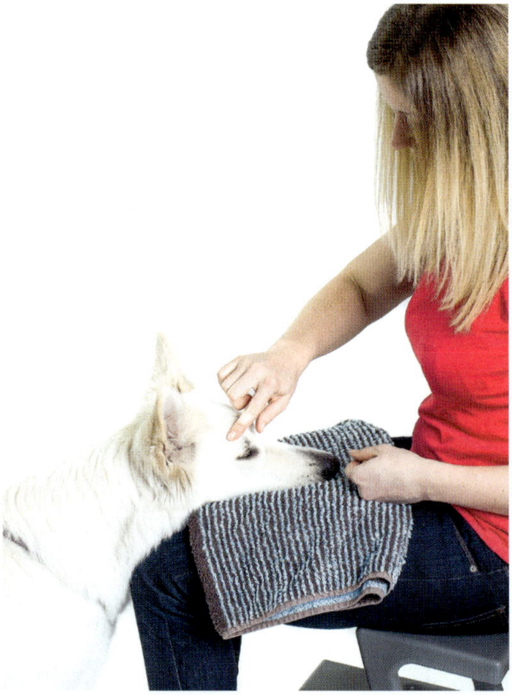

Zur Vorbereitung auf das Eingeben der Augentropfen werden Berührungen am Auge geübt.
(Foto: Archiv Animal Training Center/Daniela Juwan)

Die Pipette wird zunächst nur über das Auge gehalten. Es wird noch nicht getropft.
(Foto: Archiv Animal Training Center/Daniela Juwan)

Training mit den Augentropfen wird eine sterile Kochsalzlösung aus der Apotheke verwendet. Die Pipette muss vor jedem Gebrauch gesäubert und desinfiziert werden. Vor der Anwendung werden die Tropfen auf Körpertemperatur erwärmt. Das gesamte Training muss für beide Augen stattfinden. Als IBB-Signal bietet sich das Kinntarget auf einem Handtuch an, das auf den Oberschenkel gelegt wird.

Schritt 1: Der Hund darf das gesamte Equipment begutachten. Bei Bedarf wird dieses vorab durch klassische Konditionierung positiv besetzt.

Schritt 2: Der Hund legt sein Kinn auf ein Handtuch, das sich auf dem Oberschenkel des sitzenden Trainers befindet. Dies sollte mindestens 30 Sekunden lang zuverlässig funktionieren.

Schritt 3: Die Hand deutet Streichelbewegungen um den Kopf an, ohne diesen wirklich zu berühren.

Schritt 4: Das Fell um die Augen wird erst mit einer, dann mit beiden Händen berührt.

Schritt 5: Nun wird das Pad an die Augen angenähert, berührt das Fell aber noch nicht. In kreisenden Bewegungen wird mit etwa 5 Zentimetern Abstand zum Kopf in der Luft herum gewischt.

Schritt 6: Nun wird der Bereich um das Auge vorsichtig mit dem Pad berührt. Dann werden die Augenwinkel sanft ausgewischt.

Schritt 7: Das Augenlid wird zur Begutachtung vorsichtig nach unten gezogen. Dies wird mehrmals mit steigender Intensität oder Dauer wiederholt.

Schritt 8: Die Pipette wird schrittweise an das Auge angenähert.

Schritt 9: Das Augenlid wird wieder vorsichtig nach unten gezogen und gleichzeitig wird die Pipette angenähert. Es wird jedoch noch nicht getropft.

Schritt 10: Das Augenlid wird sanft nach unten gezogen und ein Tropfen wird neben das Auge getropft.

Schritt 11: Das Lid wird sanft nach unten gezogen und der erste Tropfen wird ins Auge, wenn möglich nicht auf die Hornhaut, getropft. Der Hund soll stillhalten und nicht wegzucken. Belohnt wird daher ganz bewusst das IBB-Signal, kurz nachdem der Hund stillgehalten hat.

Profi-Tipps: Um ein Zukneifen des Auges zu vermeiden, wird bei allen Trainingsschritten darauf geachtet, dass vor allem dann markiert und belohnt wird, wenn das Auge geöffnet und entspannt ist.

Das Zwinkern kann wegtrainiert werden, indem ein Signal für das Offenhalten der Augen etabliert wird. Dafür sagt man das Signalwort, beobachtet die Augen und markiert und belohnt bereits nach einer Sekunde, wenn der Hund nicht zwinkert. Die Dauer der Übung sekundenweise gesteigert werden.

OHRENPFLEGE

Eine regelmäßige Reinigung der Ohren beugt Infektionen, Milben und Erkrankungen vor. Gesunde Ohren sind sauber und geruchsarm. Liegt eine Entzündung vor, reagiert der Hund häufig bereits auf Berührung mit Wegzucken oder Schütteln. Dann ist besondere Vorsicht geboten, vor allem, wenn Kinder mit dem Hund in Kontakt kommen – durch Schmerzen kann die Gefahr von Beißunfällen ansteigen. Ohrenentzündungen erfordern auf jeden Fall einen Tierarztbesuch!

Benötigt werden für diese Übung ein Wattetupfer oder ein weiches Tuch und Ohrenreiniger. Niemals dürfen Wattestäbchen verwendet werden – Verletzungsgefahr! Der Ohrenreiniger sollte Körpertemperatur haben. Als IBB-Signal eignet sich das Kinntarget auf einem Tuch.

Das Kinntarget auf dem Schoß des Trainers eignet sich gut für die Ohrenpflege. (Foto: Archiv Animal Training Center/Daniela Juwan)

Schritt 1: Der Hund darf wieder das Equipment begutachten.

Schritt 2: Das Kinntarget wird auf einem Tuch ausgeführt, das auf dem Oberschenkel oder einem Sessel liegt. So hat der Trainer beide Hände für die Ohrenpflege frei.

Schritt 3: Je nach Empfindlichkeit des Hundes wird die Hand langsam an das Ohr angenähert, die Bereiche um das Ohr und das Ohr selbst werden gestreichelt und gekrault. Alle Schritte werden für beide Ohren trainiert.

Schritt 4: Bei Hunden mit Hängeohren wird das jeweilige Ohr behutsam angehoben und eventuell nach hinten geklappt. Ein leichter Zug nach oben erlaubt einen besseren Zugang zur verschmutzten Ohrmuschel.

Schritt 5: Das Ohr und seine Umgebung werden mit einem Wattebausch berührt.

Schritt 6: Das Ohr wird innen und außen mit dem Wattebausch berührt.

Schritt 7: Mit dem Wattebausch am Finger wird vorsichtig im Ohr gewischt. Keinesfalls darf man den Finger in das Ohr hineinbohren.

Schritt 8: Nun wird die noch verschlossene Ohrreinigerflasche an das Ohr gehalten.

Schritt 9: Als Nächstes wird die Flasche in das Ohr gehalten. Danach wird die Ohrmuschel massiert, was die meisten Hunde als sehr angenehm empfinden. Falls die Massage für den Hund unangenehm ist, muss auch dieser Schritt separat trainiert werden.

Schritt 10: Der Wattebausch wird angefeuchtet und die Schritte 5 bis 7 werden wiederholt.

Schritt 11: Nun werden ein paar Tropfen des körperwarmen Reinigers ins Ohr getropft. Dann wird das Ohr massiert, was ein schmatzendes Geräusch verursacht. Der Hund darf sich anschließend schütteln. Danach wird er wieder ins Kinntarget gebeten und das Ohr wird mit dem Wattebausch gereinigt.

Profi-Tipp: Es ist hilfreich, das Eintropfen mit einem Wort wie „Achtung" anzukündigen, damit der Hund nicht überrascht wird.

So kann das Maul prima begutachtet werden. (Foto: Archiv Animal Training Center/Daniela Juwan)

MAUL ÖFFNEN

Das Maul auf Kommando zu öffnen kann für mehrere Übungen sinnvoll sein: zum Reinigen oder zur Kontrolle der Zähne, zum Verabreichen von Tabletten und auch, wenn der Hund etwas im Maul hat, was er nicht haben soll, oder sogar etwas in seinem Maul oder Rachen stecken geblieben ist, was entfernt werden muss. Für diese Übung kann man ein spezielles Target trainieren.

Schritt 1: Der Hund lernt, seinen Nasenrücken in die von oben gewölbte Hand zu drücken. Er wird zuerst dafür belohnt, dass er die Hand über der Nase wie beim Handtarget anstupst, dann wird die Hand immer mehr gewölbt, bis sie die Oberseite der Schnauze umschließt. Das Target wird das IBB-Signal.

Schritt 2: Die Dauer, die der Hund das Target hält, wird gesteigert.

Schritt 3: Nun werden die Lefzen mit der Targethand leicht nach oben gezogen.

Schritt 4: Mit einem Finger der zweiten Hand werden die Schneidezähne berührt. Nun wird an der Entspannung des Hundes gearbeitet. Dies ist für die nächsten Schritte notwendig. Markiert wird also jegliches Entspannungszeichen, während der Finger die Zähne berührt.

Schritt 5: Mit leichtem Druck fährt der Finger zwischen die oberen und unteren Schneidezähne, sodass das Maul ein bisschen geöffnet wird. Wieder wird vor dem Weiterarbeiten auf ein Entspannungszeichen gewartet. Dieses wird belohnt. Es reicht, wenn das Maul nur einen Spalt geöffnet ist.

Schritt 6: Der Unterkiefer wird nun behutsam Stück für Stück weiter nach unten gedrückt, bis das Maul komplett geöffnet ist und begutachtet werden kann. Belohnt wird für jede Entspannung, wenn leichter Druck auf den Unterkiefer ausgeübt wird.

Profi-Tipps: Eventuell mag der Hund es gar nicht, wenn sein Unterkiefer nach unten gedrückt wird. Kein Problem, denn es gibt noch viele andere Wege, das Maulöffnen zu trainieren. Der Hund kann z. B. lernen, auf einen Gegenstand zu beißen. Sobald er das Maul öffnet, um zuzubeißen, wird markiert und belohnt.

Das Verhalten kann auch eingefangen werden, indem belohnt wird, wenn der Hund zum Bellen ansetzt, gähnt oder Ähnliches.

ZÄHNE PUTZEN

Zahnstein führt zu Mundgeruch und Karies. Zu viel Zahnstein muss vom Tierarzt entfernt werden, was im ungünstigsten Fall eine Narkose erfordert. Mit einer regelmäßigen Zahnreinigung lässt sich das vermeiden.

Am Abend vor dem Zähneputzen ist es ratsam, dem Hund einen Kauknochen mit speziellen zahnsteinlösenden Enzymen zu geben. Diese Enzyme haben dann mehrere Stunden Zeit, auf den Belag einzuwirken.

Benötigt werden für diese Übung eine Zahnbürste und enzymatische Zahnpasta. Anfangs eignen sich weiche Fingerzahnbürsten für Babys besonders gut. Als IBB-Signal bietet sich wieder das Kinntarget an, das auf einem Tuch auf dem Oberschenkel ausgeführt wird. So sind beide Hände frei.

Schritt 1: Der Hund darf das Equipment zuerst begutachten.

Schritt 2: Das Kinntarget wird auf einem Tuch ausgeführt.

Schritt 3: Während der Hund sich im Kinntarget befindet, wird der gesamte Luftraum um den Kopf- und Maulbereich mit beiden Händen erst mit Abstand, später auch mit leichter Berührung gestreichelt.

Schritt 4: Die Lefzen werden sanft hochgezogen und Zahnfleisch, Zähne und Lippen mit einem Finger leicht berührt. Der Finger sollte feucht sein, da sonst eventuell das Zahnfleisch kurz am Finger kleben bleibt, was dem Hund unangenehm ist.

Schritt 5: Der letzte Schritt wird mit etwas Zahnpasta auf dem Finger wiederholt.

Schritt 6: Nun kommt die weiche Babyzahnbürste dazu, die über einen Finger gestülpt wird.

Schritt 7: Die Babyzahnbürste wird an die Zähne angenähert. Klappt das gut, wird Zahnpasta aufgetragen und die Zähne werden erneut kurz berührt.

Schritt 8: Anfangs wird immer nur ein Zahn geputzt, bevor der Hund seine Belohnung erhält. Im Idealfall genügt die Zahnpasta als Belohnung, da Leckerlis die Wirkung der Enzyme schwächen können.

TABLETTEN VERABREICHEN

Es gibt ein paar Tricks, wie man Tabletten verabreichen kann, ohne dass der Hund dies überhaupt merkt. Die Tablette kann z. B. in eine Wurstscheibe eingerollt oder unter Feuchtfutter gemischt werden. Man kann sie auch in die Öffnung einer Leberwursttube stecken und dann großzügig drücken, damit eine ganze Menge Leberwurst herauskommt. Dieser Trick funktioniert vor allem bei Hunden, die gierig alles hinunterschlingen. Wenn der Hund eine Übung ausführt und die in einer Leckerei versteckte Tablette als Belohnung erhält, klappt es meist am besten.

Eine weitere Möglichkeit wäre, die Tablette zu zerkleinern. Dazu wird sie mit einem Mörser oder zwischen zwei Löffeln zu Pulver zermahlen oder der Inhalt der Medikamentenkapsel wird ausgeleert. Anschließend wird das Pulver mit Feuchtfutter oder Ähnlichem vermischt. Aber Achtung! Ist die Kapsel um das Pulver magensaftresistent, darf der Inhalt nicht ausgeleert und extra verfüttert werden, da dies magenschädigend sein kann. Die Kapsel verhindert die Aufnahme des Pulvers im Magen, was in manchen Fällen notwendig ist. Ihr Tierarzt hat genaue Informationen dazu.

Selbstverständlich lässt sich das Tablettenschlucken auch gezielt trainieren. Dazu werden Tablettenimitate benötigt, etwa leere Kapseln, erhältlich in der Apotheke, oder Multivitamin- oder andere Tabletten, die dem Hund nicht schaden.

Schritt 1: Dem Hund wird ein gutes Leckerli gefüttert, als wäre es eine Tablette. Kurz bevor er schluckt, wird ein Schlucksignal gegeben. Das Schlucken wird anschließend mit einem noch besseren Leckerli belohnt.

Schritt 2: Es wird ein schlechteres Leckerli (z. B. ein Stück Trockenfutter) angeboten. Schluckt der Hund dieses hinunter, wird rechtzeitig das entsprechende Signal gegeben. Anschließend erhält er wieder ein besseres Leckerli als Belohnung.

Schritt 3: Das erste Leckerli, also die zukünftige Tablette, wird immer weniger schmackhaft. Das Schlucken wird weiterhin mit sehr guten Leckerlis belohnt.

Schritt 4: Nun wird der Ablauf mit Kapseln wiederholt, die mit Fleisch bestrichen sind. Der Hund soll die Kapsel nicht kauen, sondern direkt schlucken.

Schritt 5: Jetzt kommen die richtigen Tabletten ins Spiel, also leere Kapseln ohne leckere Hülle oder Vitamintabletten. Letztere dürfen natürlich nur in der empfohlenen Menge verfüttert werden.

Profi-Tipps: Falls es notwendig ist, dass Medikamente auf nüchternen Magen genommen werden, oder falls der Hund einfach nichts fressen will, sollte er lernen, eine Alternative zur Futterbelohnung zu akzeptieren. Das klappt mittels klassischer Konditionierung. Wir etablieren z. B. Klatschen als konditionierten Bestärker. Dazu klatscht der Trainer zunächst in die Hände und gibt dem Hund sofort danach ein Leckerli. Dieser Ablauf wird mehrmals wiederholt. Hat der Hund gelernt, dass nach dem Klatschen immer Futter präsentiert wird, verlangt man als Nächstes eine einfache Übung, z. B. „Sitz". Der Ablauf sieht nun so aus: Der Hund macht „Sitz" – der Trainer markiert das Verhalten mittels Markersignal – das Verhalten wird zuerst mit Klatschen und anschließend mit Futter belohnt. Dieser Ablauf wird ungefähr zehnmal wiederholt, dann wird das Verhalten auch einmal nur mit dem konditionierten Bestärker (= Klatschen) belohnt. Von jetzt an wird die Belohnung variiert, mal wird nur geklatscht, mal nur gefüttert, mal beides verwendet. Der positive Wert eines konditionierten Bestärkers muss regelmäßig durch eine klassische Konditionierung aufgefrischt werden, damit dieser auch wirklich belohnend bleibt.

Nun kann das Tablettenschlucken ohne Futterbelohnung trainiert werden. Der Ablauf ist der gleiche wie beim Training mit Futterbelohnung. Hier ein Beispiel: leere Kapsel geben – Schlucksignal – mit dem konditionierten Bestärker und danach mit einem guten Leckerli belohnen. Im Lauf des Trainings wird das Leckerli immer kleiner und von minderer Wertigkeit, bis es irgendwann auch mal komplett wegfällt und der konditionierte Bestärker die einzige Belohnung ist. Wichtig ist auch hier, variabel zu belohnen, also mal mit und mal ohne Leckerli.

Das Schlucken kann auch auf andere Weise trainiert werden. Beispielsweise lässt sich die Schluckbewegung durch Über-die-Kehle-Streicheln auslösen. So kann man das Schlucken belohnen und ein Signal dafür einführen. Auch das Maulöffnen auf Signal kann helfen: Der Hund öffnet das Maul, das Leckerli wird hinten auf die Zunge gelegt, der Hund wird nun zum Schlucken aufgefordert und belohnt.

FIEBER MESSEN

Benötigt werden ein digitales Fieberthermometer, das idealerweise innerhalb von 10 Sekunden Resultate bringt, und Gleitmittel. Die Temperatur wird im After gemessen, das Thermometer sollte daher nicht ohne Gleitmittel angewandt und niemals losgelassen werden. Als IBB-Signal kann die Seitenlage oder das Kinntarget dienen.

Schritt 1: Der Hund darf das Thermometer beschnüffeln und begutachten.

Schritt 2: Der Hund ist in Seitenlage oder im Kinntarget auf einem Tuch und wird gestreichelt. Das Thermometer ist dabei bereits in der Hand.

Schritt 3: Der Trainer streicht über den Rücken bis hin zur Rute und berührt diese. Danach wird sie angehoben und hin und her bewegt. Das Thermometer ist nach wie vor in der Hand. Sollte der Hund die Rute einklemmen, wird jeg-

Der Hund darf sich umdrehen,
um zu sehen, was dort hinten passiert.
(Foto: Archiv Animal Training Center/Daniela Juwan)

liche Entspannung bei Berühren der Rute belohnt. Die Rute wird immer nur so weit angehoben, wie kein Widerstand spürbar ist.

Schritt 4: Die Rute ist angehoben und das Thermometer wird mit leichtem Kontakt an den After gehalten. Der Hund darf bei diesem Schritt jederzeit den Kopf heben, um nach hinten zu schauen und zu sehen, was dort passiert.

Schritt 5: Die Rute wird nun sacht angehoben und das zuvor in Gleitgel eingetauchte Thermometer wird zuerst nur sanft an den After gedrückt, danach vorsichtig 1 bis 2 Zentimeter eingeführt.

Schritt 6: Nun ist das Ziel, dass das Thermometer so lange im After bleibt, wie zum Messen nötig. Wichtig ist, darauf zu achten, dass nicht das Piepsen des Thermometers als Auflösungssignal verstanden wird. Falls sich der Hund vom Piepsen ablenken lässt, wird folgender Extraschritt trainiert: Das Thermometer piepst, während der Hund im IBB-Signal bleibt.

Profi-Tipp: Auch wenn es bei einem gesunden Hund nicht nötig ist, sollte man das Fiebermessen regelmäßig üben, damit es zur Routine wird.

RÖNTGEN

Um ein scharfes Röntgenbild zu bekommen, ist es nötig, dass der Hund absolut stillhält. Jede Bewegung führt zu schlechter Qualität des Bildes. Ein geeignetes IBB-Signal ist die Seitenlage. Es müssen beide Seiten trainiert werden. Zum Üben wird ein Stück Karton (ca. 60 mal 60 Zentimeter groß) benötigt.

Schritt 1: Der Hund liegt auf der Seite und der Trainer beginnt, ihn sehr vorsichtig am ganzen Körper zu berühren. Das Ziel ist, dass der Hund absolut still liegen bleibt. Es ist hilfreich, ein verbales Kommando für das Stillhalten einzuführen.

Schritt 2: Behutsam werden Manipulationen in der Seitenlage trainiert. Die Beine werden bewegt, die Rute wird umgelegt, der ganze Hund wird ein bisschen verschoben.

Schritt 3: Der Hund liegt auf der Seite und der Trainer hält ein Stück Karton über seinen

Körper. Der Karton ist etwa 1 Meter vom Hund entfernt und wird Schritt für Schritt auf eine Entfernung von 40 Zentimetern an den Hund angenähert.

Schritt 4: Nun wird der auf der Seite liegende Hund in eine beliebige Position geschoben und der Karton über ihn gehalten.

Schritt 5: Zur Generalisierung wird jetzt auf erhöhten, schmalen Flächen trainiert. Außerdem bewegen sich Helfer um den Hund, während dieser liegen bleiben soll.

Profi-Tipp: Der Röntgentisch ist sehr schmal und hoch. Bei der Generalisierung sollte darauf geachtet werden, dass die Trainingsbedingungen der Tierarztsituation ähneln.

Zum Röntgen muss der Hund absolut still in der Seitenlage verharren und dabei Manipulationen zulassen. (Foto: Archiv Animal Training Center/Daniela Juwan)

INJEKTIONEN TOLERIEREN

Es ist besonders wichtig, diese Übung von verschiedenen Personen machen zu lassen, denn die tatsächliche Injektion wird der Tierarzt geben. Während des gesamten Trainings sollte mit einem Auflösungssignal gearbeitet werden, damit der Hund nicht sofort nach dem Stich weggeht. Das bedeutet natürlich nicht, dass das IBB-Signal – in dem Fall das Kinntarget auf einem Tuch – ignoriert wird! Benötigt werden für diese Übung ein Kugelschreiber, ein Gummiband, eine gerade gebogene Büroklammer und ähnliche Gegenstände sowie eine Einmalspritze ohne Nadel.

Schritt 1: Der Hund führt das Kinntarget auf einem Tuch aus, das sich auf dem Schoß des sitzenden Trainers befindet. Dieser streichelt den Hund am Nacken und hebt dort vorsichtig eine Hautfalte an. Dies wird an verschiedenen Stellen im Nacken- und im Schulterbereich wiederholt.

Schritt 2: Der Trainer nimmt einen Kugelschreiber oder einen ähnlichen Gegenstand und berührt damit vorsichtig die hochgezogene Hautfalte. Diese Berührung wird durch ein Wort wie „Piks“ angekündigt.

Schritt 3: Die Berührung wird schrittweise zu einem Stechen. Der Schmerzreiz muss unter der Reaktionsschwelle bleiben.

Schritt 4: Das Stechen wird intensiver, vom Kugelschreiber wird auf die Büroklammer und andere, spitzere Gegenstände umgestiegen. Erst wenn dieser Schritt für den Hund zur Routine geworden ist, darf mit Schritt 5 begonnen werden.

Schritt 5: Nun wird zum ersten Mal ein richtiger Schmerz verursacht. Die Belohnung erfolgt, wenn der Hund während der gesamten Zeit stillhält.

Schritt 6: Eine andere Person, die die Rolle des Tierarztes übernimmt, kann nun die Berührung üben, die Nackenfalte heben und den Hund nach Ankündigung anfangs so sacht piksen, dass kein Schmerz entsteht. Das IBB-Signal Kinntarget findet weiterhin auf dem Schoß oder auch auf der Hand des Trainers statt. Langsam wird die Intensität wieder gesteigert.

Der Hund kann auch liegen, was er eventuell als bequemer empfindet. Soll die Injektion später auf einem Tisch stattfinden, muss der Vorgang auf erhöhten Flächen trainiert werden.

Schritt 7: Alle Schritte werden beim Tierarzt wiederholt. Dafür kann die Zeit im Warteraum genutzt werden.

Profi-Tipp: Ist der Hund unsicher im Umgang mit anderen Menschen, kann man ihm als Vorbereitung beibringen, sich aktiv anderen Menschen zu nähern. Bestätigt wird jegliche Annäherung an die fremde Person, von der dann auch die Belohnung kommt. Zu Beginn kann diese das Leckerchen auch in Richtung des Hundes auf den Boden werfen, wenn er sich noch nicht traut, die Belohnung aus der Hand zu nehmen.

BLUT ABNEHMEN

Dieses Training besteht aus mehreren Teilen. Geübt werden das Stauen des Bluts, die Schmerztoleranz und das Aufsprühen des Desinfektionsmittels. Alles wird einzeln parallel trainiert, und wenn die verschiedenen Teile gut klappen, werden sie zusammengefügt. Benötigt werden für das Training ein Stauschlauch, ein Kugelschreiber, eine gerade gebogene Büroklammer oder ein ähnlich spitzer Gegenstand und eventuell eine Schermaschine. Als IBB-Signal kann das Bodentarget oder das Pfotegeben verwendet werden.

Teil A: Blut stauen

Schritt 1: Das Bodentarget als IBB-Signal wird mit Ablenkungen und Berührungen an den Vorderbeinen sorgfältig geübt und gefestigt.

Schritt 2: Die Finger werden wenige Zentimeter über das Ellbogengelenk des Hundes gelegt, sodass der Blutfluss gestaut werden kann. Der Druck sollte zu Beginn gering sein und später gesteigert werden. Der Hund soll währenddessen ruhig und stabil auf dem Bodentarget stehen, ohne das Gewicht auf das andere Bein zu verlagern.

Schritt 3: Nun wird der Druck mit dem Stauschlauch trainiert. Der Hund gibt die Pfote, der Schlauch wird darübergelegt und bis hinter das Ellbogengelenk gezogen. Nach und nach wird der Schlauch immer fester zugezogen.

Teil B: Schmerztoleranz

Schritt 4: Der Hund befindet sich erneut mit den Vorderpfoten auf dem Bodentarget, wobei er sitzen oder stehen kann (alternativ kann er die Pfote geben). Um den Schmerz durch den Nadelstich zu imitieren, wird anfangs ein Kugelschreiber verwendet, später wird mit Büroklammern oder ähnlich spitzen Gegenständen trainiert. Der Stich erfolgt gleich an der richtigen Stelle. Vorgegangen wird wie beim Plan für das Tolerieren von Injektionen. Die Haut wird im Training niemals durchstochen.

Teil C: Desinfektionsmittel

Schritt 5: Der Geruch des Mittels ist für viele Hunde unweigerlich mit früheren unangenehmen Tierarztbesuchen verknüpft. Hier wird eine Gegenkonditionierung durchgeführt: Der Geruch taucht immer wieder im Alltag des Hundes auf – und zwar genau dann, wenn kurz darauf etwas Tolles passiert. Der Hund wird noch nicht damit angesprüht!

Schritt 6: Der Hund ist ab sofort im IBB-Signal und die Sprühflasche wird anfangs nur in die Nähe des Beins gehalten, es wird noch nicht gesprüht.

Schritt 7: Es wird aus mindestens 1 Meter Abstand in die Luft gesprüht, und zwar so, dass der Hund sieht, was passiert. Es wird Wasser anstatt Desinfektionsmittel verwendet und es wird nicht direkt auf den Hund gezielt. Nach und nach wird immer näher am Hund gesprüht, bis dann auch aus etwa 3 Zentimetern Entfernung auf das Bein gesprüht werden kann.

Um den Piks zu üben, kann eine gerade gebogene Büroklammer verwendet werden.
(Foto: Archiv Animal Training Center/Daniela Juwan)

Schritt 8: Die Schritte 6 bis 8 werden mit Desinfektionsmittel statt Wasser wiederholt. Bei besonders empfindlichen Tieren kann man ein stetig stärker werdendes Gemisch aus Wasser und Desinfektionsmittel verwenden.

Teil D: Zusammenfügen

Schritt 9: Die Teile A, B und C werden nun in beliebiger Reihenfolge zusammengefügt. Zum Beispiel werden Stillstehen und Desinfizieren oder Blutstauen und Piksen in einer Einheit trainiert. Nach und nach werden immer mehr Teile verlangt, bis alle Verhaltensweisen zusammen ausgeführt werden können und die Übung komplett ist.

Schritt 10: Nun werden sämtliche Schritte oder Teile der Übung mit anderen Menschen, fremden Menschen, auf einem Tisch, in fremder Umgebung, im Warteraum beim Tierarzt etc. trainiert. Vor der tatsächlichen Blutabnahme sollte zumindest eine Generalprobe beim Tierarzt durchgeführt werden, bei der auch schon die Gesamtdauer des Vorgangs miteinberechnet wird. Erst auf ein Auflösungssignal hin darf der Hund vom Bodentarget steigen und seine Vorderbeine wieder frei bewegen.

Profi-Tipps: Es sollte vorab mit dem Tierarzt geklärt werden, ob er die Einstichstelle rasiert haben möchte. Falls ja, muss dies nach dem Trainingsplan fürs Scheren extra geübt werden. Geschoren werden kann dann zu Hause. So lässt sich zusätzlicher Stress beim Tierarzt vermeiden.

Der Stich sollte mit vielen verschiedenen Gegenständen geübt werden, die sich für den Hund unterschiedlich anfühlen. Ein Piks mit einer auseinandergebogenen Büroklammer, ein Zwicken mit einer Pinzette oder ein Eiswürfel, der für einige Sekunden auf die Haut gepresst wird, bereiten den Hund ideal auf die Blutabnahme vor.

URINPROBE

Für diese Übung ist es wichtig, die Anzeichen für das Wasserlassen, wie Schnüffeln und Sich-um-die-eigene-Achse-Drehen, rechtzeitig zu erkennen. Während des Trainings ist der Hund am besten an der Leine. Ein rasches Hinlaufen sowie unvorbereitete Berührungen könnten dazu führen, dass der Hund das Wasserlassen unterbricht. Benötigt werden eine saubere Suppenkelle mit Verlängerung (beispielsweise ein abwaschbarer Besenstiel) und ein sauberer Urinsammelbecher.

Schritt 1: Auf den Spaziergängen oder im Garten wird der Hund immer mit Futter belohnt, wenn er uriniert. Sobald er zum Urinieren ansetzt, bewegt sich der Trainer langsam und unauffällig auf ihn zu. Der Hund darf dabei nie gestresst werden, daher werden die Annäherungen langsam gesteigert.

Schritt 2: Während des Spaziergangs wird die Suppenkelle immer wieder von vorn an den Hund angenähert, während dieser schnüffelt oder sich anderweitig beschäftigt. Dies geschieht unabhängig vom Urinieren. Die Suppenkelle kommt immer näher, bis sie direkt unter oder hinter den Hund gehalten werden kann. Im Idealfall kann die Suppenkelle oder deren Verlängerung den Hund berühren, ohne dass dieser erschrickt.

Schritt 3: Ziel ist der Mittelstrahlurin, die ersten Tropfen sollten also danebengehen. Das Behältnis wird vorsichtig unter den Urinstrahl gehalten und der Urin wird unmittelbar nach dem Auffangen in den verschließbaren Becher umgefüllt.

Profi-Tipp: Urinieren kann auch unter Signalkontrolle gebracht werden. Man gibt kurz bevor der Hund sich erleichtert ein Signal und belohnt, nachdem er sein Geschäft erledigt hat. Das spart Zeit, wenn man es mal eilig hat oder der Tierarzt wartet.

ANHANG

Hilfreiche Quellen

BÜCHER

Burow, Inka: Das große Handbuch Clickertraining. Cadmos, 2014
Franck, Madeleine und Rolf C.: Das Welpen-ABC. Cadmos, 2016
Franck, Rolf C., und Grauss, Madeleine: Hab' keine Angst mein Hund. Cadmos, 2008
Freiling, Karin Petra: Entspannungstraining für Hunde. Cadmos, 2015
Pryor, Karen: Positiv bestärken, sanft erziehen. Kosmos (2. Aufl.), 2006
Ramirez, Ken (Hrsg.): Animal Training. Shedd Aquarium Society, 1999
Reichel, Sabrina: Keine Angst beim Tierarzt. Kynos, 2016
Rugaas, Turid: Calming Signals – Die Beschwichtigungssignale der Hunde. Animal Learn, 2001
Yin, Sophia: Low Stress Handling, Restraint and Behavior Modification of Dogs & Cats. Cattledog Publishing, 2009

ARTIKEL

Battaglia, Dr. Carmen L.: Frühzeitige neurologische Stimulation
(Deutsche Fassung: Copyright Bonitos Companeros)
http://bit.ly/25Gfr24

Martin, Steve, und Friedman, Susan G.: Blazing Clickers
http://bit.ly/1W5kZyU

Martin, Steve, und Friedman, Susan G.: The ABCs of Behavior
http://bit.ly/1RzM6jY

Martin, Steve: It's About Relationships
http://bit.ly/1UPIzAI

Martin, Steve: The Power of Trust
http://bit.ly/1SMaGwO

VIDEOS

Blaschke-Berthold, Dr. Ute: Das Kleingedruckte in der Körpersprache des Hundes. CumCane, 2013

Empfehlenswert sind außerdem die YouTube-Videos von:
Emily Larlham (http://bit.ly/28pvBhG)
Laura Monaco Torelli (http://bit.ly/24F1Jcr)
Bina Lunzer (http://bit.ly/1tg6Zrm)

(Grafiken: Archiv Animal Training Center / Torben Frey)

Auf der Website **www.trainieren-statt-dominieren.de** finden Sie einen professionellen und modernen Hundetrainer in Ihrer Nähe.

Videos zu diesem Buch

Trainingsvideo zum Welpentraining:
http://bit.ly/21bZnkJ

Trainingsvideos zu den Kooperations-verhaltensweisen:
http://bit.ly/1Uqp78a

Trainingsvideos zu den Übungen aus dem Medical Training:
http://bit.ly/1UqoD1L

Danksagung

Herzlichen Dank für die Unterstützung bei den Fotos und Videos an Elke Grablechner mit Flappy und Joey, Cornelia Heinrich mit Corona, Josephine, Felicitas und Ginger, Karin Mussger mit Lillith, Nina Sommer mit Daphie, Aurelia Pongratz mit Mino, Sabrina Gößler mit Sola, Susanne Schöberl mit Haki, Daniela Juwan mit Aimee und Maevee, Tierarztpraxis Hitzendorf, Shadeguard Australian Shepherds, Benjamin Button, Jojo und vor allem Flyer.

Über die Autoren

Anna Oblasser-Mirtl ist geprüfte Trainerin für Zootiere (Absolventin des Exotic Animal Training and Management Program), allgemein beeidete und gerichtlich zertifizierte Sachverständige für Hunde sowie zertifizierte Hundetrainerin (Certified Professional Dog Trainer, CPDT-KA). Im von ihr gegründeten AnimalTrainingCenter beschäftigt sie sich mit der Ausbildung von Diabetiker-Warnhunden, dem modernen Training von Haustieren und Wildtieren sowie ihren international erfolgreichen Hühnertrainingsseminaren.

2012 hat sie für ihr Konzept des „Medical Training" (an Zootieren) in Kanada den „Impact Award" der Animal Behavior Management Alliance gewonnen, ein Preis, der als „Oscar des Tiertrainings" bekannt ist. Außerdem erhielt sie 2015 in Dänemark den „Behavior Management Innovation Award".

Barbara Glatz ist Verhaltensbiologin. Ihre Jugend verbrachte sie vor allem mit Pferdetraining, und bereits während ihres Studiums begann sie ihre Tätigkeiten im AnimalTrainingCenter. In dieser Zeit konnte sie außerdem Erfahrung bei der Arbeit mit Wölfen im Wolf Science Center in Ernstbrunn sammeln und verbrachte mehrere Monate im Ausland (Australien, Südafrika, Tansania). Gemeinsam mit Anna Oblasser-Mirtl hat sie das AnimalTrainingCenter aufgebaut und die erfolgreichen Trainingskonzepte entwickelt. Derzeit pendelt sie zwischen Österreich, England und Tansania, wo sie ein Tier- und Naturschutzprojekt mitaufbaut, eine Tierauffangstation mitbetreut sowie positive Bestärkung im Training von Polizeihunden und -pferden etabliert. In England wird sie ein AnimalTrainingCenter eröffnen.

STICHWORTREGISTER

Christiane Jacobs

SPRICH HUND!

Hunde kommunizieren sehr fein mit ihrer Körpersprache. Große Verhaltensreaktionen zeichnen sich im Vorfeld durch kleine, unauffälligere Signale ab. Diese Hinweise lesen und deuten zu lernen hilft dabei, die Emotionen, die Bedürfnisse und die Motivationslage des Hundes einzuschätzen. Dieses Buch liefert die Vokabeln der Hundesprache und vermittelt Details, die Hundebesitzern vielleicht noch nie aufgefallen sind. Es befähigt sie, ihren Hund unabhängig von individuellen körperlichen Merkmalen wie Schlapp- oder Stehohren zu lesen. Denn es gibt nicht die eine Regel, die besagt: „Wenn das linke Ohr nach vorne geht, bedeutet das immer das und das." Vielmehr müssen alle körperlichen Details betrachtet und in die Gesamtsituation einbezogen werden, um das Verhalten des Hundes einzuschätzen. Mit vielen Abbildungen lassen sich typische Körpersprache-Details erkennen und deuten. Gezeichnet wurden die Illustrationen übrigens von Daniela Barreto nach genauen Vorgaben durch Christiane Jacobs. Also: Lerne HÜNDISCH – damit sich Missverständnisse vermeiden lassen!

128 Seiten / broschiert ISBN 978-3-8404-2074-0 Auch als E-Book erhältlich

Karin Freiling

ENTSPANNUNGSTRAINING FÜR HUNDE

Stress, Angst oder Unruhe sind bei Hunden häufig zu beobachten und können zu verschiedensten Problemen führen. Dieses Buch zeigt, wie Besitzer aktiv die Fähigkeit ihres Hundes zur Entspannung trainieren können und gibt Tipps zur Soforthilfe in stressigen Situationen. So lassen sich die Herausforderungen des Alltags besser meistern.

96 Seiten, farbig, broschiert

ISBN 978-3-8404-2514-1 Auch als E-Book erhältlich

Brunhilde Mühlbauer

HUNDE RICHTIG MASSIEREN

Streicheln muss sein. Es ist Ausdruck von Zuneigung und Zusammengehörigkeit. Deshalb lässt sich jeder Hund von vertrauten Händen gerne berühren. Aber Ihre Hände können Ihrem Hund auch helfen gesund zu bleiben oder schneller wieder gesund zu werden. Therapeutisch eingesetzt, können sie sein Wohlbefinden steigern, eine Heilung beschleunigen, Störungen beseitigen und Schmerzen lindern.

80 Seiten, farbig, broschiert

ISBN 978-3-86127-740-8 Auch als E-Book erhältlich

Madeleine Franck und Rolf C. Franck

DAS MUTMACHBUCH FÜR UNSICHERE HUNDE

Für unsichere, ängstliche Hunde ist oft schon die Bewältigung des Alltags eine Herausforderung. Angesichts von Problemen und Überforderung treten positive Erlebnisse in den Hintergrund – dabei können genau die dabei helfen, einem Angsthasen mehr Selbstvertrauen zu geben! Zusammenhänge zwischen Wohlbefinden, Gesundheit, Selbstwirksamkeit und emotionaler Stabilität werden erklärt.

96 Seiten, farbig, broschiert

ISBN 978-3-8404-2076-4

Dorothee Kühnau/Beate Warnat

HUNDE-PHYSIOTHERAPIE

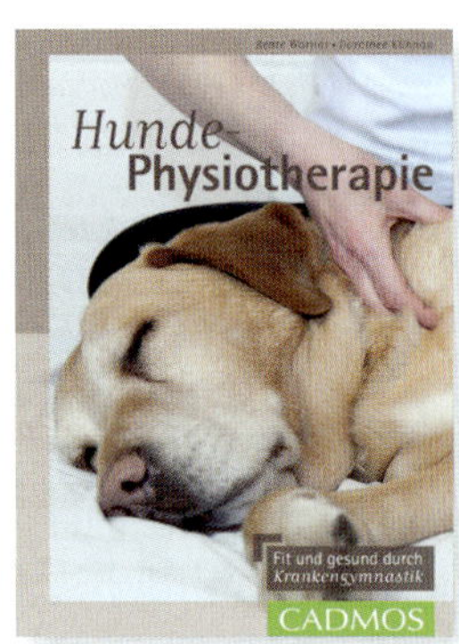

Hunde mit Problemen an den Gliedmaßen oder am Rücken haben häufig Schmerzen bei der Bewegung, daher bewegen sie sich weniger ode schonen auch nur eine einzelne Gliedmaße. Je größer die muskuläre Instabilität ist, desto mehr Schmerzen entstehen bei der Bewegung. Der Hund gerät in einen Teufelskreis aus mangelnder Bewegung und zunehmendem Schmerz. Mit gezielt ausgewählten krankengymnastischen Übungen kann man den Teufelskreis durchbrechen.

112 Seiten, farbig, broschiert

ISBN 978-3-8404-2041-2 Auch als E-Book erhältlich

CADMOS Verlag

Cadmos Verlag GmbH | Sturzgasse 1a | 1140 Wien | Tel. +43 (0)1 982 33 44 – 491 | vertrieb@cadmos.at

www.cadmos.at